现代仪器分析实验技术指导

XIANDAI YIQI FENXI SHIYAN JISHU ZHIDAO

李险峰 金 真 马毅红 廖芳丽 ◎ 编著

中山大学出版社
SUN YAT-SEN UNIVERSITY PRESS
·广州·

版权所有　翻印必究

图书在版编目（CIP）数据

现代仪器分析实验技术指导/李险峰，金真，马毅红，廖芳丽编著.—广州：中山大学出版社，2017.9
ISBN 978-7-306-06160-7

Ⅰ.①现… Ⅱ.①李… ②金… ③马… ④廖… Ⅲ.①仪器分析—实验—高等学校—教材 Ⅳ.①O657-33

中国版本图书馆 CIP 数据核字（2017）第 206718 号

出版人：徐　劲
策划编辑：金继伟
责任编辑：曾育林
封面设计：曾　斌
责任校对：曹丽云
责任技编：何雅涛
出版发行：中山大学出版社
电　　话：编辑部 020-84110771，84113349，84111997，84110779
　　　　　发行部 020-84111998，84111981，84111160
地　　址：广州市新港西路 135 号
邮　　编：510275　　传　真：020-84036565
网　　址：http://www.zsup.com.cn　E-mail:zdcbs@mail.sysu.edu.cn
印 刷 者：虎彩印艺股份有限公司
规　　格：787mm×1092mm　1/16　10.375 印张　189 千字
版次印次：2017 年 9 月第 1 版　2018 年 7 月第 2 次印刷
定　　价：38.00 元

如发现本书因印装质量影响阅读，请与出版社发行部联系调换

序　言

现代仪器分析测试是我们认识客观物质世界的眼睛，是从事化工、材料、食品、环境等领域专业研究和生产实践中不可缺少的关键环节，是化学等相关专业学生必须具备的基本科研能力。为方便仪器分析实验教学，为教师科研及学生实验、毕业论文撰写等使用大型仪器时提供参考指导，结合实验室设备，特编写此书。

《现代仪器分析实验技术指导》内容包括紫外－可见分光光度法、红外吸收光谱法、原子吸收光谱法、原子荧光分析法、分子荧光分析法、气相色谱法、高效液相色谱法、离子色谱分析法、电化学分析法、场发射扫描电子显微镜分析法、X射线衍射分析法、差视扫描量热分析法，以及气－质联用、液－质联用、ICP-MS等仪器分析方法。在内容上涵盖各类仪器分析的基本原理，仪器构造，定性和定量分析方法及相关计算，样品处理，仪器操作使用的一般原则、经验和注意事项等，兼顾无机分析、有机分析、成分分析和结构分析，以及定性分析、定量分析、物理参数的测定等实验。在每个实验后还附有思考题。

本教材符合仪器分析实验教学的要求，系统性强，内容全面，简洁明了，便于阅读。可作为化学及相关专业"仪器分析"课程的实验教材或参考教材，同时也可为其他分析测试人员提供技术参考。

本书由李险峰老师组织编写，金真、马毅红、廖芳丽、叶晓萍、封科军、陈鸿雁、强娜、刘必富、刁贵强等老师参与编写。本书还得到梁浩、李浩、童义平、刘国聪、张喜斌、沈友等老师的大力支持及建设性指导意见。

限于编者水平，书中难免存在叙述不清或错误之处，希望广大读者批评指正，以便再版时得以更正。

编　者
2017 年 5 月

目 录

实验一　有机化合物紫外吸收光谱及溶剂性质对吸收光谱的影响……… 1
实验二　紫外分光光度法测定水中总酚的含量……………………………… 4
实验三　紫外吸收光谱法测定 APC 片剂中乙酰水杨酸的含量 …………… 6
实验四　紫外分光光度法测定色氨酸的含量……………………………… 9
实验五　红外吸收光谱定性分析 …………………………………………… 11
实验六　红外光谱法测定苯甲酸的结构 …………………………………… 14
实验七　火焰原子吸收光谱法基本操作及实验条件的选择 ……………… 16
实验八　火焰原子吸收光谱法灵敏度和自来水中镁的测定 ……………… 20
实验九　石墨炉原子吸收法测定水样中铅含量 …………………………… 23
实验十　原子荧光法测定超细二氧化钛杂质中的铅 ……………………… 28
实验十一　原子荧光法检验药物中的铅和砷 ……………………………… 32
实验十二　荧光法测定果蔬及饮料中的抗坏血酸 ………………………… 35
实验十三　荧光法测定医用维生素 B_2 中核黄素的含量………………… 38
实验十四　气相色谱法分离苯系物 ………………………………………… 43
实验十五　气相色谱程序升温法分析开油水成分 ………………………… 48
实验十六　气相色谱法测白酒中甲醇的含量 ……………………………… 54
实验十七　高效液相色谱仪的结构及使用方法 …………………………… 59
实验十八　反相高效液相色谱法分析混合有机物中的丙酮 ……………… 63
实验十九　高效液相色谱法检测奶粉中三聚氰胺的含量 ………………… 67
实验二十　离子色谱法测定矿泉水中 F^-、Cl^-、NO_3^- 和 SO_4^{2-} ……… 71
实验二十一　循环伏安法测定 $K_3[Fe(CN)_6]$ …………………………… 74
实验二十二　扫描电子显微镜分析纳米氧化铜的形貌及尺寸 …………… 80
实验二十三　差示扫描量热法（DSC） …………………………………… 85
实验二十四　热重分析（TG） ……………………………………………… 88
实验二十五　气相色谱－质谱（GC-MS）分离分析苯系物 ……………… 91
实验二十六　GC-MS 定性分析烃类化合物 ……………………………… 95
实验二十七　液相色谱－质谱联用技术（LC-MS）的各种模式探索 …… 98

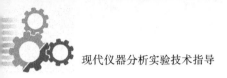

实验二十八　X 射线衍射（XRD）实验 …………………………………… 102
实验二十九　X-射线粉末衍射-多晶体物相分析 ……………………………… 107
实验三十　电感耦合等离子-质谱（ICP-MS）测海链藻对微量金属
　　　　　　元素的吸附量 …………………………………………………… 110
附录一　UV 2550 紫外-可见分光光度仪操作规程 ………………………… 116
附录二　Bruker TENSOR27 红外光谱仪操作规程及注意事项 …………… 118
附录三　TAS 990 原子吸收光谱仪操作规程 ………………………………… 121
附录四　AFS 3100 原子荧光光谱仪操作规程 ……………………………… 125
附录五　RF 5301 原子荧光光谱仪操作规程 ………………………………… 128
附录六　TVOC 气相色谱仪（GC900A）操作规程及使用注意事项 ……… 130
附录七　Agilent 1100 高效液相色谱仪操作规程 …………………………… 132
附录八　GC 2010 气相色谱仪操作规程 ……………………………………… 134
附录九　岛津 LC 20AD 高效液相色谱仪操作规程 ………………………… 137
附录十　ICS 900 离子色谱仪操作规程及维护注意事项 …………………… 139
附录十一　CHI 660D 电化学工作站操作规程 ……………………………… 141
附录十二　日立 SU 8010 场发射扫描电镜操作流程及注意事项 ………… 143
附录十三　差示扫描量热仪（DSC）操作规程 …………………………… 146
附录十四　热重分析仪（TG）操作规程 …………………………………… 148
附录十五　XRD 操作规程 …………………………………………………… 150
附录十六　GC-MS 联用仪操作流程 ………………………………………… 152
附录十七　LC-MS 联用仪操作流程 ………………………………………… 154
附录十八　Agilent 7700x ICP-MS 操作流程 ………………………………… 156

实验一　有机化合物紫外吸收光谱及溶剂性质对吸收光谱的影响

一、实验目的

(1) 学习紫外吸收光谱的绘制方法,了解溶剂的性质对吸收光谱的影响。
(2) 学习利用紫外吸收光谱检查物质纯度的方法。
(3) 掌握 UV 2550 型紫外-可见分光光度计的使用。

二、实验原理

具有不饱和结构的有机化合物,如芳香族化合物,在紫外区(200～400 nm)有特征吸收,为有机化合物的鉴定提供了有用的信息。

紫外吸收光谱定性的方法是比较未知物与已知纯样在相同条件下绘制的吸收光谱,或将绘制的未知物吸收光谱与标准谱图(如 Sadtler 紫外光谱图)相比较,若两光谱图的 λ_{max}(最大吸收峰波长)和 κ_{max}(摩尔吸收系数)相同,表明它们是同一有机化合物。极性溶剂对有机物的紫外吸收光谱的吸收峰波长、强度及形状有一定的影响。溶剂极性增加,使 n→π* 跃迁产生的吸收带蓝移,而 π→π* 跃迁产生的吸收带红移。

三、仪器与试剂

1. 仪器

UV 2550 型紫外-可见分光光度计,带盖石英吸收池 2 只(1 cm)。

2. 试剂

(1) 苯、乙醇、正己烷、氯仿、丁酮。
(2) 异亚丙基丙酮分别用水、氯仿、正己烷配成质量浓度为 0.4 g/L 的溶液。

四、实验步骤

1. 苯的吸收光谱的测绘

在 1 cm 的石英吸收池中，加入两滴苯，加盖，用手心温热吸收池底部片刻，在紫外-可见分光光度计上，以空白石英吸收池为参比，在 220～360 nm 范围内进行波长扫描，绘制吸收光谱，确定峰值波长。

2. 乙醇中杂质苯的检查

用 1 cm 石英吸收池，以乙醇为参比溶液，在 230～280 nm 波长范围内测绘乙醇试样的吸收光谱，并确定是否存在苯的 B 吸收带。

3. 溶剂性质对紫外吸收光谱的影响

（1）在 3 支 5 mL 带塞比色管中，各加入 0.02 mL 丁酮，分别用去离子水、乙醇、氯仿稀释至刻度，摇匀。用 1 cm 石英吸收池，以各自的溶剂为参比，在 220～350 nm 波长范围内测绘各溶液的吸收光谱。比较它们的 λ_{max} 的变化，并加以解释。

（2）在 3 支 10 mL 带塞比色管中，分别加入 0.20 mL 异亚丙基丙酮，并分别用水、氯仿、正己烷稀释至刻度，摇匀。用 1 cm 石英吸收池，以相应的溶剂为参比，测绘各溶液在 200～350 nm 范围内的吸收光谱，比较各吸收光谱 λ_{max} 的变化，并加以解释。

五、实验参数设置

实验参数设置见表 1-1。

表 1-1 实验参数设置

波长扫描范围	带宽	石英吸收池	参比溶液	扫描速度
200～400 nm	0.5 nm	1 cm	溶剂	快

六、谱图分析

（1）记录各溶液的紫外吸收光谱及实验条件，比较吸收峰的变化。

（2）从苯、苯酚的紫外吸收光谱中，比较非极性溶剂正庚烷和极性溶

剂乙醇对峰值波长 λ_{max} 的影响。

（3）记录未知化合物的紫外吸收光谱及实验条件。

（4）记录乙醇试样的紫外吸收光谱及实验条件，根据吸收光谱确定是否有苯吸收峰，峰值波长是多少。

七、注意事项

（1）石英吸收池每换一种溶液或溶剂必须清洗干净，并用被测溶液或参比液荡洗3次。

（2）本实验所用试剂均应为光谱纯或经提纯处理。

（3）仪器状态是否正常一般可通过基线的平直度表示，必要时还应检查溶剂的背景吸收是否合格。

（4）吸收峰强度应适中。如果测得的紫外吸收峰为平头峰或太小，可适当改变试液浓度。

八、思考题

（1）分子中哪类电子跃迁会产生紫外吸收光谱？

（2）当被测试液浓度太大或太小时，对测量将产生怎样的影响？应如何加以调节？

（3）为什么极性溶剂有助于 n→π* 跃迁向短波方向移动？而 π→π* 跃迁向长波方向移动？

实验二　紫外分光光度法测定水中总酚的含量

一、实验目的

(1) 掌握紫外分光光度法测定酚的原理和方法。
(2) 掌握应用紫外-可见分光光度计进行定量分析的方法和基本操作。

二、实验原理

苯酚是工业废水中的一种有害物质，如果流入江河，会使水质受到污染，因此在检测饮用水的卫生质量时，需对水中总酚的含量进行测定。

苯具有环状共轭体系，由 $\pi \to \pi^*$ 跃迁在紫外吸收光区产生 3 个特征吸收带：强度较高的 E1 带，出现在 180 nm 左右；中等强度的 E2 带，出现在 204 nm 左右。强度较弱的 B 带，出现在 255 nm。有机溶剂、苯环上的取代基及其取代位置都可能对最大吸收峰的波长、强度和形状产生影响。具有苯环结构的化合物在紫外光区均有较强的特征吸收峰，在苯环上的部分取代基（助色团）使吸收增强，而苯酚在 270 nm 处有特征吸收峰，在一定范围内，其吸收强度与苯酚的含量成正比，符合朗伯-比尔（Lambert-Beer）定律，因此，可用紫外分光光度法直接测定水中总酚的含量。

三、仪器与试剂

1. 仪器

紫外-可见分光光度计，石英比色皿 1 套（1 cm），50 mL 容量瓶若干，移液管等若干。

2. 试剂

苯酚标准溶液 250 mg/L：准确称取 0.0250 g 苯酚于 50 mL 烧杯，加 20 mL 去离子水溶解，移入 100 mL 容量瓶，用去离子水定容至刻度，摇匀。

四、实验步骤

1. 标准系列溶液的配制

取 5 只 50 mL 容量瓶，分别加入 2.00 mL、4.00 mL、6.00 mL、8.00 mL、10.00 mL 质量浓度为 250 mg/L 的苯酚标准溶液，用去离子水稀释至刻度，摇匀。计算其浓度（mg/L）。

2. 吸收曲线的测定

取上述标准系列中的任一溶液，用 1 cm 石英比色皿，以溶剂空白（去离子水）作参比，在 220～350 nm 波长范围内，扫描绘制吸收曲线。

3. 标准曲线的测定

选择苯酚的最大吸收波长（λ_{max}），用 1 cm 石英比色皿，以溶剂空白（去离子水）作参比，按浓度由低到高的顺序依次测定苯酚标准溶液的吸光度。

4. 水样的测定

在与上述测定标准曲线相同的条件下，测定水样的吸光度。

五、数据记录与处理

（1）以吸光度为纵坐标，以波长为横坐标绘制吸收曲线，找出最大吸收波长 λ_{max}，并计算其 ε_{max}。

（2）以吸光度为纵坐标，以标准溶液浓度为横坐标，绘制标准曲线。然后，根据水样吸光度在标准曲线上查出相对应的浓度值，计算出水样中苯酚的含量（g/L）。

六、思考题

（1）紫外分光光度法与可见分光光度法有何异同？

（2）紫外分光光度计与可见分光光度计的仪器部件有何不同？

（3）在用分光光度计进行定量分析时，哪些操作可能影响测定结果的准确性？

实验三 紫外吸收光谱法测定APC片剂中乙酰水杨酸的含量

一、实验目的

(1) 了解紫外-可见分光光度计的结构及其可分析物质的结构特征,学习其使用方法。

(2) 掌握紫外-可见分光光度法定量分析的基本原理和实验技术。

二、实验原理

APC药片经研磨成粉末,用稀NaOH水溶液溶解提取,其主要成分乙酰水杨酸可水解成水杨酸钠进入水溶液,该提取液在295 nm左右有一个水杨酸的特征吸收峰。通过测定稀释成一定浓度的提取液的吸光度值,并用已知浓度的水杨酸的NaOH水溶液做出一条标准曲线,则可从标准曲线上求出水杨酸的含量。根据两者的相对分子质量,即可求得APC中乙酰水杨酸的含量。溶剂和其他成分不干扰测定。

乙酰水杨酸浓度 = [水杨酸浓度] × 180.15/138.12

三、仪器与试剂

1. 仪器

岛津UV 2550型紫外-可见分光光度计、3G玻璃砂芯漏斗1个、抽滤瓶1个(250 mL)、容量瓶(250 mL 1个、50 mL 7个)、胖肚吸量管(20 mL 1支)、刻度吸量管(5 mL 2支)。

2. 试剂

水杨酸储备液(0.5000 mg/mL):称取0.5000 g水杨酸先溶于少量

0.10 mol/L NaOH 溶液中，然后用蒸馏水定容于 1000 mL 容量瓶中。NaOH 溶液（0.10 mol/L）。

四、实验步骤

（1）将 7 个 50 mL 容量瓶按 0～6 依次编号。分别移取水杨酸储备液 0.00 mL、1.00 mL、2.00 mL、3.00 mL、4.00 mL、5.00 mL、6.00 mL 于相应编号容量瓶中，各加入 1 mL 0.10 mol/L NaOH 溶液，用蒸馏水稀释至约 30 mL，80 ℃ 水浴加热 10 min，冷却至室温，稀释至刻度，摇匀。

（2）放一片 APC 药片在清洁的 50 mL 烧杯中，加 2 mL 0.10 mol/L NaOH 先溶胀，再用玻棒搅拌溶解。在玻璃砂芯漏斗中先放入一张滤纸，用玻璃砂芯漏斗定量地转移烧杯中的内含物，先后用 10 mL 的 0.10 mol/L NaOH 淋洗烧杯和玻璃砂芯漏斗 2 次（共 20 mL），20 mL 蒸馏水淋洗漏斗 4 次（共 80 mL），并将滤液收集于同一个 250 mL 容量瓶中，最后用蒸馏水稀释至刻度，摇匀。

（3）从 250 mL 容量瓶中取 20 mL APC 溶液至一个 50 mL 容量瓶中，蒸馏水稀释至 30 mL 左右，用 80 ℃ 水浴加热 10 min，冷却至室温，稀释至刻度，摇匀。

（4）在紫外-可见分光光度计上对编号为 3 的标准溶液进行扫描，波长范围为 280～320 nm，找出最大吸收波长，并在该波长下由低浓度到高浓度测定标准溶液吸光度，最后测定未知液的吸光度。

五、数据处理

（1）以吸光度 A 为纵坐标，以水杨酸浓度 C 为横坐标作标准曲线。

（2）根据 APC 溶液的吸光度值，在标准曲线上求出相应的浓度（mg/mL），并换算成乙酰水杨酸的浓度。

（3）根据稀释关系，求出一片 APC 中乙酰水杨酸的含量，与制造药厂所标明的含量（25 mg）进行比较，计算误差。

六、注意事项

（1）配制样品前要将所使用的玻璃仪器用自来水冲洗，再用少量蒸馏水润洗。

（2）取标准溶液时，应先倒少量标准溶液于小烧杯中移取，不要直接将移液管伸入标准液试剂瓶中。移取标准溶液之前要润洗移液管。

（3）药片需充分溶胀后再碾碎。

（4）水浴加热时，容量瓶塞子切勿塞得过紧，防止加热气体膨胀，塞子冲出。

（5）测量前用待测液润洗比色皿，测量由低浓度到高浓度依次进行。

（6）从实验步骤可知，试样是经两次稀释后用很稀的浓度进行吸光度测试的，因此提取和各步转移必须严格定量，制作标准曲线的标样浓度也必须很准确，否则就会使求得的试样浓度产生较大的误差，而乘以稀释体积后，所求的药片含量误差会更大。

七、思考题

（1）实验中为什么要加热？

（2）引起误差的因素有哪些？如何减少误差？

实验四 紫外分光光度法测定色氨酸的含量

一、实验目的

（1）掌握 UV 2550 型紫外-可见分光光度计的原理及其可分析物质的结构特征。

（2）学会制作吸收曲线和标准曲线，能正确选择合适的测定波长，并对未知浓度的色氨酸溶液进行测定。

（3）了解运用紫外-可见分光光度法分析未知化学物质的思路。

二、实验原理

组成蛋白质的 20 多种氨基酸，在可见光区均无吸收，由于酪氨酸、色氨酸和苯丙氨酸特有的共轭结构，它们在紫外光区有吸收且符合朗伯-比尔定律（酪氨酸的 $\lambda_{max}=278$ nm、色氨酸的 $\lambda_{max}=279$ nm、苯丙氨酸的 $\lambda_{max}=259$ nm）。因此，利用紫外分光光度法可测定这 3 种氨基酸的含量。

三、仪器与试剂

1. 仪器

UV 2550 型紫外-可见分光光度计、比色皿 1 套（1 cm）、吸量管 3 支（5 mL）、容量瓶（50 mL，1 个；25 mL，6 个）、烧杯、洗瓶。

2. 试剂

色氨酸标准溶液（1.0 mg/mL）和未知液。

四、实验步骤

1. 吸收曲线的绘制

用移液管取色氨酸标准溶液 5.00 mL 于 50 mL 的容量瓶中，稀释至刻度，摇匀，选用 1 cm 石英比色皿，以蒸馏水为参比，在 240～320 nm 波长范围内使用仪器自动扫描。从显示窗调取：每间隔 5 nm 相应的吸光度 A 值，在峰值附近，每隔 2 nm 取一 A 值，绘出 $A-\lambda$ 吸收曲线，该曲线确定的最大吸收波长即为测定波长。

2. 标准曲线的绘制及未知试样的测定

在 5 个 25 mL 的容量瓶中分别取上一步配制好的标准溶液（100 μg/mL）0.50 mL、1.00 mL、1.50 mL、2.00 mL、2.50 mL，用蒸馏水稀释至刻度处，摇匀。在最大波长处，用 1 cm 石英比色皿，以蒸馏水为参比测吸光度 A 值，并绘制标准曲线。另取一个 25 mL 的容量瓶，移入色氨酸未知样 2.00 mL，用蒸馏水稀释至刻度，摇匀；条件同上测定吸光度值，从标准曲线上查出对应浓度值，并换算未知样的含量。

五、数据处理

（1）记录对应不同波长下的吸光度，绘制色氨酸的吸收曲线，找到色氨酸最大吸收波长。

（2）记录不同标准溶液的吸光度，绘制标准曲线，并由此计算色氨酸未知样的平均值 x（mol/L）及标准偏差。

六、注意事项

（1）制作标准曲线时注意实验条件要和测试样品的条件一致。
（2）比色皿要配套使用。

七、思考题

（1）色氨酸的紫外吸收主要来源于其结构中的哪些部分？
（2）标准曲线绘制时，色氨酸的纯度对样品测量结果有影响吗？
（3）如何利用紫外吸收光谱进行物质的纯度检查？

实验五　红外吸收光谱定性分析

一、实验目的

（1）了解红外光谱仪的结构和原理，掌握红外光谱仪的操作方法。
（2）掌握溶液试样红外光谱图的测绘方法。
（3）学习利用红外光谱图进行化合物鉴定的方法。

二、基本原理

在红外光谱分析中，固体试样和液体试样都可采用合适的溶剂制成溶液，置于光程为 0.01～1 mm 的液槽中进行测定。当液体试样量很小或没有合适的溶剂时，就可直接测定其纯液体的光谱。通常是将一滴纯液体夹在两块盐片之间以得到一层液膜，然后放入光路中进行测定，这种方法适用于定性分析。

制作溶液试样时常用的溶剂有 CCl_4（适用于高频范围）、CS_2、$CHCl_3$ 等，对于高聚物则多采用四氢呋喃（适用于氢键研究）、甲乙酮、乙醚、二甲基亚砜、氯苯等。一般选择溶剂时应做到：①要注意溶剂-溶质间的相互作用，以及由此引起的特征谱带的位移和强度的变化，例如在测定含羟基及氨基的化合物时，要注意配成稀溶液，以避免分子间的缔和；②由于溶剂本身存在着吸收，所以选择时要注意溶剂的光谱，通常其透光率小于 35% 的范围内将会有干扰，大于 70% 的范围内则认为是透明的；③使用的溶剂必须干燥，以消除水的强吸收带，防止损伤槽盐片；④有些溶剂由于易挥发、易燃且有毒性，使用时必须小心。

进行红外光光谱定性分析，通常有两种方法：
（1）用标准物质对照。在相同的制样和测定条件下（包括仪器条件、浓度、压力、湿度等），分别测绘被分析化合物（要保证试样的纯度）和标准的纯化合物的红外光谱图。若两者吸收峰的频率、数目和强度完全一致，则可认为两者是相同的化合物。
（2）查阅标准光谱图。标准的红外光谱图集，常见的有萨特勒

(Sadtler)红外谱图集、API 红外光谱图、DMS 周边缺口光谱卡片。

上述定性分析方法，一般是验证被分析的化合物是否为所期待的化合物的一种鉴定方法。如果要用红外光谱定性未知物的结构，则必须结合其他分析手段进行谱图解析。如果解析结果是前人鉴定过的化合物，则可继续采用上述方法进行鉴定；如是未知物，就需得到其他方面的数据（如核磁共振谱、质谱、紫外光谱等），以推出最可能的结构式。

三、仪器与试剂

1. 仪器

红外分光光度计、压片和压膜设备、镊子、洗耳球、2 mL 注射器、可拆式液槽、固定式液槽（0.5 mm 和 0.1 mm）。

2. 试剂

一组已知分子式的未知试样：① C_8H_{10}；② $C_4H_{10}O$；③ $C_4H_8O_2$；④ $C_7H_6O_2$。分析纯溴化钾粉末、四氯化碳、氯仿、丙酮等溶剂。

四、实验步骤

1. 液膜法

用滴管吸取未知液体试样，滴 1～2 滴于一盐片上，再压上另一盐片，两块盐片将会由于毛细作用而粘在一起，中间形成一层厚度小于 0.01 mm 的液膜层。将两块盐片小心地放置在可拆液槽的后框片上，盖上前框片，旋上 4 个螺帽，为避免用力不均匀导致盐片破碎，必须同时对角地小心旋紧，然后放入仪器的光路中测绘其吸收光谱。用同样方法测绘 2～3 个未知试样的红外光谱图。

2. 压片法

取 1～2 mg 的未知试样粉末，与 200 mg 干燥的溴化钾粉末（颗粒大小在 2 μm 左右）在玛瑙研钵中混匀后压片，测绘红外谱图。

3. 液槽法

按教师要求，配制 1～2 种未知试样的四氯化碳溶液（1%）和氯仿溶液（5%），用 2 mL 注射器将溶液注入 0.5 mm 液槽或 0.1 mm 液槽的试样注入口，直至试样溶液由液槽上部试样出口小孔溢出为止，并立即用塞子塞住入口和出口，然后将液槽放到仪器的测量光路中。另取一相同厚度的液槽，注入相应量的溶剂（与试样中的溶剂量应大致相同）后，放到参比光路中，随即测绘它们的红外光谱图。

注意：测量完毕后应立即倒出试样，并清洗液槽，可用注射器从试样注入口注入溶剂，由试样出口将溶剂抽出，速度要慢，以防溶剂迅速蒸发时空气中湿气凝集在盐片上而损坏盐片。清洗3次后，用洗耳球吹入干燥空气使之干燥；对于可拆式液槽，应卸下盐片，用棉花浸丙酮后擦去试样，再使其干燥。

4. 查阅萨特勒红外光谱图

按教师给出的未知试样的分子式，使用萨特勒红外光谱图的分子式索引，根据分子式中各元素的数目顺序查出可能的光谱号（光栅），再根据光谱号找出与未知试样光谱图相同的标准谱图进行对照，并确定该试样是什么化合物。

五、结果处理

（1）在测绘的谱图上准确标出所有吸收峰的波数。

（2）根据标准谱图查到的结构，列表讨论谱图上的主要吸收峰，并分别指出其归属。

六、思考题

（1）用固定液槽测量溶液试样时，为什么要用另一液槽装入溶剂后做出参比？

（2）配制试样溶液后，应如何选择溶剂？

实验六　红外光谱法测定苯甲酸的结构

一、实验目的

(1) 掌握红外光谱分析固体样品的制备技术。
(2) 了解如何根据红外光谱识别官能团，了解苯甲酸的红外光谱图。

二、基本原理

将固体样品与卤化碱（通常是KBr）混合研细，并压成透明片状，然后放到红外光谱仪上进行分析，这种方法就是压片法。压片法所用的碱金属的卤化物应尽可能的纯净和干燥，试剂纯度一般应达到分析纯。可以用的卤化物有 NaCl、KCl、KBr、KI 等。由于 NaCl 的晶格能较大，不易压成透明薄片，而 KI 又不易精制，因此大多采用 KBr 或者 KCl 做样品载体。

由于氢键的作用，苯甲酸通常以二分子缔合体的形式存在。只有在测定气态样品或非极性溶剂的稀溶液时，才能看到游离态苯甲酸的特征吸收。用固体压片法得到的红外光谱中显示的是苯甲酸二分子缔合体的特征，在 $2400 \sim 3000 \ cm^{-1}$ 处是 O—H 伸展振动峰，峰宽且散，由于受氢键和芳环共轭两方面的影响，苯甲酸缔合体的 C=O 伸缩振动吸收位移到 $1700 \sim 1800 \ cm^{-1}$ 区（而游离 C=O 伸展振动吸收是在 $1710 \sim 1730 \ cm^{-1}$ 区，苯环上的 C=C 伸展振动吸收出现在 $1480 \sim 1500 \ cm^{-1}$ 和 $1590 \sim 1610 \ cm^{-1}$），这两个峰是鉴别有无芳环存在的标志之一，一般后者峰较弱，前者峰较强。

三、仪器与试剂

1. 仪器

傅里叶变换红外光谱仪及附件、KBr 压片模具及压片机、玛瑙研钵、红外烘箱等。

2. 试剂

苯甲酸（分析纯）、KBr（分析纯）、无水乙醇等。

四、实验步骤

（1）在玛瑙研钵中分别研磨 KBr 和苯甲酸至 2 μm 细粉，然后置于烘箱中烘 4～5 h；烘干后的样品置于干燥器中待用。

（2）取 1～2 mg 干燥的苯甲酸和 100～200 mg 干燥的 KBr，一并倒入玛瑙研钵中进行研磨直至混合均匀。

（3）取少许上述混合物粉末倒入压片模中压制成透明薄片，然后放到红外光谱仪上测试。

（4）测定一个未知样的红外光谱图。

五、结果处理

（1）解析苯甲酸红外谱图中各官能团的特征吸收峰，并做出标记。

（2）将未知化合物官能团区的峰位列表，并根据其他数据指出可能结构。

六、思考题

（1）测定苯甲酸的红外光谱，还可以用哪些制样方法？

（2）影响样品红外光谱图的因素是什么？

实验七　火焰原子吸收光谱法基本操作及实验条件的选择

一、实验目的

（1）了解 TAS 990 型原子吸收光谱仪的基本构造。
（2）学习 TAS 990 型原子吸收光谱仪的操作规程和使用方法。
（3）掌握火焰原子吸收光谱仪分析条件的选择。

二、基本原理

原子吸收光谱法（AAS）是基于气态的原子对于同种原子发射出来的特征光谱辐射具有吸收能力，通过测量试样的吸光度进行检测的方法。

在火焰原子吸收光谱分析中，分析方法的准确度和灵敏度很大程度上取决于实验条件，因此最佳实验条件的选择非常重要。

在原子吸收光谱分析中，通常选择共振线作为分析线测定具有较高的灵敏度。使用空心阴极灯时，工作电流不能超过最大工作电流，灯的工作电流过大会影响灯的寿命；灯电流太小，发光强度减弱，发光不稳定，信噪比下降。在保证稳定和适当光强输出的前提下，应尽可能选择较低的灯电流。燃气和助燃气的流量比（燃助比）直接影响测定的灵敏度，燃助比为 1:4 的化学计量火焰，温度较高，背景低，噪声小，大多数元素都用这种火焰。

本实验以镁元素为例对分析线、灯电流、狭缝宽度、燃助比和燃烧器的高度等实验条件进行选择。

三、仪器和试剂

1. 仪器

TAS 990 型原子吸收光谱仪（北京普析通用仪器公司）、空心阴极灯、空气压缩机、乙炔钢瓶、25 mL 容量瓶。

2. 试剂

1.0 g/L 镁离子标准储备液，1.0 mg/L 镁离子标准使用溶液。

四、实验步骤

1. 仪器操作流程

（1）简单流程：

打开原子吸收主机→运行软件→选择元素灯、寻峰→开空气压缩机→检查气密性和液封后开乙炔→【点火】→高纯水调【能量】→高纯水【校零】→【参数】设置、【样品】设置→测量样品与标样→高纯水烧、空烧→关燃气→灭火后关空气压缩机并放水完全排空→退软件→关主机。

（2）具体流程：

a. 开通风橱，装灯。

b. 打开原子吸收主机，再打开软件工作界面。

c. 选【联机】，点【确定】→仪器进入【初始化】。

d. 双击对应灯号，选择元素（内含各元素的测量参数），再选择工作灯与预热灯，点【下一步】。

e. 设置【带宽】（入射狭缝）、【燃气流量】【燃烧器高度】（调大↓、调小↑）、【燃烧器位置】（↑往外、↓往里）；调至光路中心在燃烧器正上方（0.5~0.6 mm 处），若与光路不平行则手动旋转燃烧器至平行。

f. 选择特征谱线，点【寻峰】（寻峰后更改特征谱线，必须再【寻峰】，寻峰扫描出来的特征波长与特征谱线正负差不得超过 0.25 mm，否则要用 Hg 灯校正（【应用】→【波长校正】）。

g. 【关闭】→【下一步】→【完成】→进入检测界面。

h. 【参数】→设置标样、未知样重复数（一般 3 次）、吸光度显示范围、时间标尺（一般 1000 左右）、计算方式（连续）、积分时间（1~3 s）、滤波系数（0.3~0.6）。

i. 【确定】→【样品】→选择校正方法、浓度单位，改样品名（元素），设置系列浓度，修改样品名称。

j. 开空气压缩机（0.20~0.25 MPa）。

k. 检查气密性和液封后开乙炔（0.05~0.07 MPa）。

l. 【点火】→【扣背景】（可以不设置步骤）→高纯水【调能量】→选择需要的灯电流，再点"自动能量平衡"至 99%~100%（"高级调试"适用于背景扣除时使用）。

m. 高纯水【校零】。

n. 测量标样与样品（在测量过程中，可用高纯水多次校零，如果是初次测量，应先空烧两三分钟预热燃烧器）。

o. 测量完毕后，先关燃气→灭火后关空气压缩机，并将空气压力排至零。

p. 关软件→关主机。

2. 实验条件的选择

（1）分析线的选择：调整波长到 285.2 nm。

（2）灯电流的选择：灯电流 3 mA。

（3）燃助比的选择：调整空气压力为 0.2 MPa，使雾化器处于最佳雾化状态。选择稳定性好且 A 值又较大时的乙炔－空气的压力和流量。

（4）燃烧器高度的选择：改变燃烧器高度，测定上述标准镁溶液的 A 值，选择稳定性好且 A 值又较大的燃烧器高度。

（5）狭缝宽度的选择。

五、数据记录

数据记录见表 7-1。

表 7-1 数据记录

元 素	分析线/nm	灯电流/mA	燃助比	燃烧器高度/mm	狭缝宽度/nm

六、注意事项

（1）气密性检查：打开乙炔主阀半分钟后关上，在一两分钟内两个表压均无明显下降则证明气密性良好（每次做测试均要检查气密性）。

（2）仪器没有液封则点不着火，燃烧器位置不当时也会点不着火。

（3）改变燃气流量时，一定要先灭火再修改燃气流量（仪器→燃烧器参数→改燃气流量）。

（4）测量时要注意不能有太大风，以免火焰摆动（风太大了要盖上罩子）。

（5）更换元素灯后要重新调整燃烧器位置，调节能量、校零。

（6）调整燃烧器位置时，必须先将挡板取出。

（7）若仪器出现不受软件控制的情况（重启软件后又能正常联机），此为软件与计算机不兼容造成的，可在"设备管理器"中点击"端口"前面的"+"号，在弹出的所有端口中选择"COM1"并双击，翻到"端口设置"的页面，点击"高级"选项，将两个缓冲区拉至最底部。

七、思考题

（1）使用空心阴极灯时应注意什么事项？

（2）在原子吸收光谱分析法中应如何正确选择狭缝宽度？

实验八　火焰原子吸收光谱法灵敏度和自来水中镁的测定

一、实验目的

(1) 进一步熟悉原子吸收光谱仪的基本操作。
(2) 掌握原子吸收光谱法进行元素定量测定的方法。
(3) 掌握原子吸收光谱法特征浓度的计算。

二、实验原理

标准曲线法测定镁的含量：溶液中的镁离子在火焰温度下变成镁原子蒸气，光源空心阴极镁灯辐射出波长为 285.2 nm 的镁特征谱线，被镁原子蒸气强烈吸收，其吸收的强度与镁原子蒸气的浓度关系符合朗伯－比尔定律，见图 8-1。

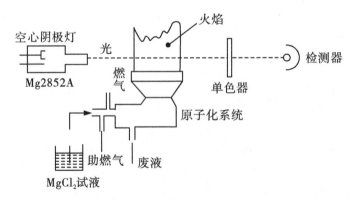

图 8-1　原子吸收分析示意图

$$A = \lg \frac{1}{T} = kNL$$

式中：A—吸光度；

T—透过率；
k—系数；
N—蒸气浓度；
L—吸收光程长度。

镁原子蒸气浓度 N 与溶液中镁离子浓度 c 成正比，当测定条件固定时，

$$A = Kc$$

利用 A 与 c 的关系，用已知不同浓度的镁离子标准溶液测出不同的吸光度，绘制成标准曲线，根据测试液的吸光度值，从标准曲线求出试液中镁的含量。

由原子吸收光谱灵敏度的定义，特征浓度的计算为：

$$S = c_0 \times 0.0044/A \text{（mg/L）}$$

式中：S—灵敏度；
c_0—指镁离子特征浓度；
A—对应的吸光度。

三、仪器和试剂

1. 仪器

TAS 990 型原子吸收光谱仪、镁元素空心阴极灯、乙炔、空气压缩机、容量瓶（50 mL 17 个，100 mL 1 个）、吸量管（1 mL 1 支，5 mL 3 支）。

2. 试剂

1.0 g/L 镁离子标准储备液、100 mg/L 镁离子标准使用溶液、去离子水、自来水样。

四、实验步骤

1. 仪器参数的设置

根据实验七确定的最佳实验条件设置仪器的工作参数。

2. 标准曲线的绘制

在 6 个 50 mL 容量瓶中配制浓度为 0.0 mg/L、0.10 mg/L、0.20 mg/L、0.30 mg/L、0.40 mg/L、0.50 mg/L 镁系列标准溶液，在选定的仪器工作条件下，以去离子水为空白，分别测定镁系列标准溶液的吸光度，绘制吸光度－镁标准溶液浓度的标准曲线。

3. 自来水样的测定

准确移取 5 mL 自来水样 2 份，分别置于 50 mL 容量瓶中，用去离子水稀释至刻度，摇匀；用去离子水调零，测出其 A 值，再由标准曲线查出水样中镁的含量 m。

五、数据记录及结果分析

数据记录及结果分析见表 8-1。

表 8-1 标准曲线的测绘与镁含量的测定

波长：_____　　灯电流：_____　　空气压力：_____
乙炔-空气流量：_____　　　　　燃烧器高度：_____

试液编号	镁含量/μg	吸 光 度
1	0	
2	10	
3	20	
4	30	
5	40	
6	50	
未知液		

六、思考题

（1）原子吸收光谱分析法的原理是什么？

（2）标准曲线法和标准加入法的适用范围是什么？在使用时各应注意什么问题？

（3）为什么要配制镁标准使用溶液？所配制的镁系列标准溶液可以放置到第二天再继续使用吗？为什么？

实验九　石墨炉原子吸收法测定水样中铅含量

一、实验目的

（1）了解石墨炉原子吸收光谱分析过程及特点，熟悉石墨炉设备及构造。

（2）掌握石墨炉原子吸收法分析程序和实验技术。

二、实验原理

铅是一种对人体有害的物质，饮用水的铅含量是环保部门监测控制的重要指标，其测试手段有分光光度法、富集火焰原子吸收法、石墨炉原子吸收法及 ICP-MS 法等。

石墨炉法也叫电热原子吸收法，是通过大功率电源供电加热石墨管（俗称石墨炉）而使其产生高温（最高 3000 ℃），通过高温和碳（石墨）裂解及还原，使其金属盐变成金属原子，从而吸收其特征谱线的分析方法。

该法的优点是灵敏度高，比火焰法的灵敏度高出 3~5 个数量级；缺点是原子化过程产生烟雾，背景吸收严重，测定精度差。

石墨炉升温一般有 4 个步骤：干燥、灰化、原子化、热除残，其加热方式有斜坡式和阶梯式。见图 9-1。

（1）干燥。温度在 100 ℃左右，作用是将溶液溶剂蒸发，把液体转化为固体。

（2）灰化。温度在 300 ℃以上，其作用是把复杂的物质转变为简单的物质，消除有机物，把易挥发的物质赶走，减少分子吸收和低沸点无机基体的干扰，把复杂的盐转化为氧化物。

（3）原子化。先裂解氧化物或盐，再利用高温碳（石墨）将金属离子还原成原子。

（4）热除残。利用高温灼烧和氩气流将石墨管中原样品去掉，以便下次进样测定。

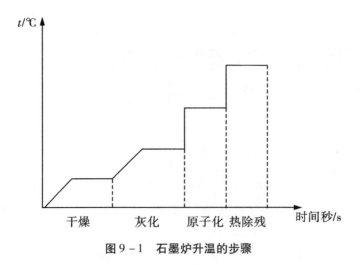

图9-1 石墨炉升温的步骤

三、仪器与试剂

1. 仪器

TAS 990型原子吸收光谱仪、微量进液管、工作软件、移液管、容量瓶（25 mL）。

2. 试剂

铅标准溶液、基体改进剂、硝酸（优级纯）、二次去离子水。

四、实验步骤

1. 石墨炉法操作流程

（1）简易流程：

开原子吸收主机 → 运行软件 →选灯、寻峰 →选择"石墨炉"测试方法→依次开电、冷却水和氩气→检查石墨管→调整石墨炉位置→设置加热程序→空烧→调"能量"、设置标样与样品参数→校零→测量→依次关石墨炉电源、氩气，将炉体退回→关软件→关主机。

（2）具体流程：

a. 开通风橱，装灯。

b. 开原子吸收主机，再打开软件工作界面。

c. 选"联机"，点【确定】→仪器进入"初始化"。

d. 双击对应灯号，选择元素（内含各元素的测量参数），再选择工作灯与预热灯，点"下一步"。

e. 设置"带宽"（入射狭缝）。

f. 选择特征谱线，点"寻峰"（寻峰后更改特征谱线，必须再"寻峰"），寻峰扫描出来的特征波长与特征谱线正负差不得超过 0.25 mm，否则要用 Hg 灯校正。

g. 【关闭】→【下一步】→【完成】→进入检测界面。

h. 取出挡板，点【仪器】→"测量方法"→"石墨炉"。

i. 炉体稳定后，依次开启石墨炉电源、冷却水、氩气（0.35～0.40 MPa）。

j. 点【石墨管】（勿点"确定"），打开石墨炉，用小铁夹夹住石墨管末端取出，检查石墨管是否完好（若管表皮爆开则必须更换）；然后装回原位并放平，管孔向上并处于中心，最后点"确定"固定石墨管。

k. 调节石墨炉炉体位置，石墨炉炉体底下的大圆盘调高低，炉后底下两小螺丝调旋转（只能松开其中一颗，手动向松开的一边旋转），【仪器】→"原子化器"（调小往里走，调大往外走），调至通过炉体后的光路为一均匀圆形无暗角为止。

l. 点【加热】→设置加热程序与冷却时间。

m. 【空烧】（1～2 次）→【扣背景】（可以不设置步骤）→【能量】（点"自动能量平衡"99%～100%。"高级调试"适用于背景扣除时使用），负高压应小于 600 V，否则应适当调高灯电流再点"自动能量平衡"至 99%～100%。

n. 【参数】→设置标样、未知样重复数（一般 3 次）、吸光度显示范围、计算方式（峰高或峰面积）、积分时间（6～7 s）、滤波系数（0.1～0.2）。

o. 【确定】→【样品】→选择校正方法、浓度单位，改样品名（元素），设置系列浓度，修改样品名称。

p. 【校零】（在测试标样与样品过程中可以多次校零）。

q. 【测量】测试标样与样品（最大进样量为 30 μL），取样时先压枪，再使枪嘴稍微进入液面取液，取液后枪嘴外不得有液珠或枪嘴内液体不得有气泡；进样时枪嘴恰好垂直碰到石墨管平台底部，进液时压到底同时取出，数秒后点"开始"。

r. 测量完毕后，依次关石墨炉电源、冷却水、氩气→将炉体退回（【仪器】→【测量方法】→【火焰】）。

s. 炉体稳定后，关软件→关主机。
2. 设定石墨炉加热程序（表9-1）

表9-1 石墨炉加热程序

步 骤	温度/℃	升温时间/s	保持时间/s	内气量
干燥	140	10	20	中
灰化	700	10	25	中
原子化	1800	0	5	关
热除残	2400	0	5	大

3. 标准系列溶液配制

工作液（500 μg/L）：取6个25 mL容量瓶分别加入工作液0 mL、0.25 mL、0.50 mL、1.0 mL、1.5 mL、2.0 mL，每支滴5滴1:1 HNO_3，用二次蒸馏水定容至刻度。

4. 水样

取20 mL自来水于25 mL容量瓶中，滴5滴1:1 HNO_3 及基体改进剂，用二次蒸馏水定容至刻度。

5. 测定

用微量进液管吸10 μL溶液（先标样后试样）加至石墨炉中，启动加热程序，每点重复2次。

五、注意事项

（1）选择"石墨炉测量方法"时，必须先将挡板取出，否则会造成主机损坏。

（2）石墨管一般使用寿命为200～400次，管皮爆开就不再用。

（3）进样时要等完全冷却后才能进行。

（4）测量时的相对标准偏差 RSD 应控制在15%以内。

（5）若使用氘灯扣背景，测量完毕后应尽快关掉氘灯（【仪器】→【扣背景】→【无】）。

（6）关氩气时，主阀要关紧。

（7）更换元素灯后要重新调节炉体位置，调节能量和校零。

（8）在测量时难免出现不理想的结果，这时，可以用鼠标左键单击最后一个测量结果，并将其拖动到"开始"按钮上，松开鼠标，即可对此次测量进行重测；若在测量完毕后发现某些结果不理想，可在测量表格中选中要重测的结果，点右键选择"重新测量"。

六、思考题

（1）简述石墨炉原子化的过程。
（2）石墨炉原子化和火焰原子化各有什么优缺点？

实验十　原子荧光法测定超细二氧化钛杂质中的铅

一、实验目的

（1）学习利用原子荧光光谱法测定物质含量的原理和方法。
（2）熟练原子荧光光谱仪的操作。

二、实验原理

原子荧光光谱法是一种通过测量待测元素的原子蒸气在辐射能激发下所产生荧光的发射强度，来测定待测元素含量的一种发射光谱分析方法。

将试样溶液通过火焰原子化器或无火焰原子化器时，试样溶液中许多金属元素变为基态原子而成为原子蒸气。此时如有自光源发出的强射线照射在原子蒸气上，则金属原子将吸收其中特征波长光的能量而从基态激发到高一级能态，这些激发的金属原子在由激发态降落至基态时发出了与激发光波长相等的荧光。各种元素的原子所发射荧光的波长各不相同，这是各种元素原子的特征。在原子浓度很低时（原子荧光法通常用于微量、痕量分析），所发射的荧光强度和单位体积原子蒸气中该元素基态原子数目成正比，如将激发光强度和原子化条件保持一定，则可由荧光强度测出试样溶液中该元素的含量，这是原子荧光定量分析的依据。

三、仪器与试剂

1. 仪器

AFS 3100 原子荧光光谱仪、Arium 611 超纯水制备器。

2. 试剂（实验用水均为超纯水）

铅标准溶液 0.5 mg/L、盐酸（优级纯）、硼氢化钾（>98%）、草酸（AR）、铁氰化钾（AR）。

四、仪器操作参数

1. 仪器条件

光电倍增管负高压：260 V，灯电流 60 mA，载气流量 400 mL/min，屏气流量 800 mL/min，原子化高度 8 mm，注入量 0.5 mL。

2. 测量条件

测量方法选择"Std. Curve"，读数方式选择"Peak Area"，样品空白计算方法选择"浓度"，读数时间选择 12 s。

五、实验步骤

1. 溶液的配制

（1）还原剂和载流液。载流液是 2% 盐酸溶液：取 10 mL 盐酸溶于 500 mL 超纯水中；还原剂是 2% 硼氢化钾：称取 10 g 硼氢化钾，溶解于 500 mL 0.5% 的氢氧化钾的水溶液中。

（2）增敏剂和掩蔽剂。10% 铁氰化钾和 2% 草酸溶液的混合溶液。

（3）标准溶液。在 5 个 50 mL 的容量瓶中分别加入 0.20 mL、0.40 mL、0.80 mL、1.00 mL、2.00 mL 的铅标准溶液，然后再分别加入优级纯盐酸 1.00 mL，加入 10% 铁氰化钾和 2% 草酸溶液的混合溶液 2.00 mL，定容至刻度，摇匀待测。此时铅标准溶液的浓度相当于 2.00 μg/mL、4.00 μg/mL、6.00 μg/mL、8.00 μg/mL、10.00 μg/mL、20.00 μg/mL。

（4）二氧化钛溶解样的水溶液（已配好），根据实际情况进行稀释。

以稀释 10 倍为例：在 50 mL 容量瓶中移取 5.00 mL 铅标准溶液，然后再分别加入优级纯盐酸 1.00 mL，加入 10% 铁氰化钾和 2% 草酸溶液的混合溶液 5.00 mL，定容至刻度，摇匀待测。

2. 仪器的操作

（1）开机准备：

a. 打开抽风设备，检查抽风筒是否打开，检查仪器水封。

b. 打开计算机电源，进入软件操作系统。

c. 打开气瓶，使次级压力在 0.2～0.3 MPa 之间。

d. 打开仪器主机电源。

e. 开启间歇泵电源。

f. 双击 AFS 3100 程序图标，仪器自动进入操作系统。

（2）软件操作：

a. 点击"检测"，仪器进行自检，合格后自动返回。

b. 选择"元素表"进行选灯，单击"确定"。

c. 选择"仪器条件"和"测量条件"，进行条件设置。

d. 选择"间歇泵"进行设置。一般已设置好无须更改设置，单击"确定"即可。

e. 选择"标准系列"，分别在 A 道或 B 道输入标准样品的浓度，之后再选定每个标样的位置，单击"确定"完成。

f. 选择"样品参数"进行参数设置，其中"添加样品"中"起始编号"即为样品的编号，单击"确定"完成。

g. 选择"测量窗口"，单击"点火"按钮，单击"检测"键，进行样品测量。测量完成后，单击"保存"。根据提示输入文件名称，单击"保存"按钮，以后可以单击"打开"调出此文件。

h. 测量结束，需要清洗管路，先用还原剂清洗 10 min，再用水洗 10 min，然后用空气冲 5 min，确保管路清洗干净。

3. 关机顺序

（1）单击"熄火"按钮，退出软件。

（2）关闭间歇泵电源。

（3）关闭主机电源。

（4）关气。

（5）关通风设备。

六、数据处理

数据处理见表 10-1。

表 10-1 数据处理

名 称	类 型	A 道荧光值	A 道浓度	A 道单位	B 道荧光值	B 道浓度	B 道单位	位 置
Blank	标准空白	0	0		259.16	0		0
S1	标准	0	0	μg/L	466.80	2	μg/L	3
S2	标准	0	0	μg/L	1230.00	4	μg/L	4
S3	标准	0	0	μg/L	1104.41	6	μg/L	5

(续上表)

名 称	类 型	A道荧光值	A道浓度	A道单位	B道荧光值	B道浓度	B道单位	位 置
S4	标准	0	0	μg/L	1627.74	8	μg/L	6
S5	标准	0	0	μg/L	2042.73	10	μg/L	7
S6	标准	0	0	μg/L	2765.31	20	μg/L	8
未知样1	样品	0	0	μg/L	1725.93	10.172	μg/L	9

七、注意事项

（1）配制还原剂时，要先配好0.5%的KOH溶液，然后再加入硼氢化钾。还原剂须现用现配。

（2）选择"仪器条件"进行条件设置时要注意：若检测到的荧光强度很小，可适当增大负高压和灯电流，但不能过大，否则仪器的噪声也会相应增大。

（3）标液和样品的位置要输入准确。

（4）实验结束一定要清洗仪器。

八、思考题

（1）测定铅的关键点在于酸度的控制，一般要求反应后废液pH保持在8～9。若酸度没有控制好，会产生怎样的后果？

（2）测定加标回收率时，只对其中的一份样品进行回收率实验，测得回收率为125%，能充分说明分析的准确度吗？为什么？

实验十一　原子荧光法检验药物中的铅和砷

一、实验目的

（1）了解原子荧光光谱分析的基本原理、特点及应用。
（2）掌握原子荧光光谱仪的基本结构及操作方法。

二、实验原理

在一定条件下，气态原子吸收辐射光后，本身被激发成激发态原子，处于激发态上的原子不稳定，跃迁到基态或低激发态时，以光子的形式释放出多余的能量，根据所产生的原子荧光的强度即可进行物质组成的测定。该方法称为原子荧光分析法（AFS）。

物质的基态原子受到光的激发后，会释放出具有特征波长的荧光，据此可对物质进行定性分析。物质的定量分析可通过测定原子荧光的强度来实现。

原子荧光定量分析的基本关系式为：

$$I_{fv} = \varphi I_{av} k_{\nu} L N'_0 \qquad (11-1)$$

式中，I_{fv} ——发射原子荧光强度；

I_{av} ——激发原子荧光（入射光）强度；

φ ——原子荧光量子效率；

k_{ν} ——吸收系数；

N'_0 ——单位长度内基态原子数；

L ——吸收光程。

原子荧光光谱分析仅适用于低含量的测定。测定的灵敏度与峰值吸收系数 k_{ν}、吸收光程长度 L、量子效率 φ 和入射光强度 I_{av} 有关。当仪器条件和测定条件固定时，待测样品浓度 c 与 N'_0 成正比。如各种参数都是恒定的，则原子荧光强度仅仅与待测样品中某元素的原子浓度呈简单的线性关系：

$$I_f = \alpha c \qquad (11-2)$$

式中，α 在固定条件下是一个常数。

三、仪器与试剂

1. 仪器

RF 5301 原子荧光光谱仪、玛瑙研钵、不锈钢药匙。

2. 试剂

中药粉末。

四、实验步骤

1. 样品预处理

将中药粉末放入玛瑙研钵中研细。在样品盘表面贴上双面胶（1 cm × 1 cm 左右），用药匙取少量研细的中药粉末在双面胶上薄而均匀地覆上一层。盖上石英片，夹在固体样品架上。

2. 样品检测

仔细阅读仪器操作说明书，在教师指导下按下列步骤操作：

（1）将原子荧光光谱仪主机和配套计算机联好，检查后接通电源。

（2）先开主机和光源，再开计算机并打开仪器操作软件。

（3）将准备好的样品放入样品检测室中，待仪器自检完毕后可以开始检测。

（4）先点"Configure"→"Instrument"。在选项"Auto Shutter"选"On"，再点"Ok"。点"Configure"→"Parameters"，设定好相应的参数，点"Ok"。

（5）右下角"Start"图标，开始检测。

（6）完成后，储存数据。从检测室中取出样品，关闭光源、仪器，然后关闭软件和计算机。

五、数据处理

将保存的数据拷贝到 origin 数据分析软件中做出谱图。根据峰的位置确定样品中是否含有铅和砷。

六、问题讨论

（1）试从仪器设计上比较原子荧光光谱仪与原子吸收光谱仪的差异，并说明其理由。

（2）从方法原理上对原子发射、原子吸收、原子荧光的相同点、不同点进行比较。

实验十二 荧光法测定果蔬及饮料中的抗坏血酸

一、实验目的

(1) 掌握分子荧光分析法的基本原理。
(2) 了解 RF 5301 荧光仪的使用方法。
(3) 熟悉荧光法测定果蔬及饮料中的抗坏血酸含量的方法。

二、实验原理

维生素 C 又名抗坏血酸,自然界存在的有 L 型、D 型两种,D 型的生物活性仅为 L 型的 1/10。维生素 C 广泛存在于植物组织中,新鲜的水果、蔬菜中含量都很丰富。维生素 C 具有较强的还原性,对光敏感,氧化后的产物称为脱氢抗坏血酸,仍然具有生理活性,进一步水解则生成 2,3-二酮古乐糖酸,失去生理作用。食品分析中的所谓总抗坏血酸是指抗坏血酸和脱氢抗坏血酸二者的总量,不包括二酮古乐糖酸和进一步的氧化产物。

测定维生素 C 的常用方法有靛酚滴定法、苯肼比色法、荧光法和高效液相色谱法等。靛酚滴定法测定的是还原型抗坏血酸,该法简便,也较灵敏,但特异性差,样品中的其他还原性物质(如 Fe^{2+}、Sn^{2+}、Cu^{2+} 等)会干扰测定,测定结果往往偏高。苯肼比色法和荧光法测得的都是抗坏血酸和脱氢抗坏血酸的总量,其中以荧光法受干扰的影响较小,准确度较高。高效液相色谱法可以同时测得抗坏血酸和脱氢抗坏血酸的含量,选择性好、准确度高、重现性好,但对样品前处理要求高。

本实验采用的是荧光分析法,其原理是通过将样品中还原型抗坏血酸经铜离子催化被氧化生成脱氢抗坏血酸后,与邻苯二胺(OPDA)反应生成具有荧光的喹唔啉,依据荧光强度与脱氢抗坏血酸的浓度在一定条件下成正比,测定食物中抗坏血酸的总量。

三、仪器及试剂

1. 仪器

RF 5301 荧光光谱仪。

2. 试剂

硫酸铜溶液（2.0 mg/mL）、邻苯二胺（0.3 mg/mL）、抗坏血酸标准溶液（25.0 mg/mL）、乙酸-乙酸钠-硫酸缓冲液（pH 5.6）。

四、实验步骤

1. 样品处理

称取一定质量的果蔬（25 g 左右），加入一定质量的蒸馏水（25 g 左右），打成匀浆后过滤，取 5.0 mL 滤液至 50 mL 容量瓶中，定容，放入冰箱内保存备用。液体样品不需要处理或稀释一定倍数后备用。

2. 标准溶液及样品溶液的配制

（1）标准溶液的配制：取 6 支 10 mL 比色管（编号 1—6），分别加入 0.0 mL、0.2 mL、0.5 mL、1.0 mL、1.5 mL、2.0 mL 抗坏血酸标准溶液，再依次分别加入 0.4 mL 硫酸铜溶液、2.0 mL 缓冲液和 2.0 mL OPDA 溶液，定容至 10 mL。20 min 后可进行荧光测定。

（2）样品溶液的配制：取 2 支 10 mL 比色管（编号 7—8），分别加入 0.0 mL 和 2.0 mL 待测样品溶液，再依次分别加入 0.4 mL 硫酸铜溶液、2.0 mL 缓冲液和 2.0 mL OPDA 溶液，定容至 10 mL。其中 7 号为样品空白，8 号为样品。20 min 后可进行荧光测定。

3. 荧光激发和发射光谱测定

取 5 号溶液于荧光比色皿中，在荧光仪上分别扫描其荧光激发光谱及发射光谱：首先，以 341 nm 为激发波长，扫描发射光谱，确定最大发射波长；其次，以选定的最大发射波长扫描激发光谱，确定最大激发光波长；最后，再以选定的激发波长扫描发射光谱。记录最大激发和发射波长。

4. 标样及样品检测

以选定的最大激发和发射波长，依次测定 1—6 号标样的荧光强度；在相同条件下，测定 7 号样品空白及 8 号样品的荧光强度。

五、数据处理

标准曲线的绘制：根据1—6号标样的荧光强度，以荧光强度对浓度作图，得到标准曲线。根据8号样品扣除7号样品空白后的荧光强度，在标准曲线上读出样品溶液中抗坏血酸的含量；再根据样品处理及溶液配制过程中的稀释关系计算原始样品中抗坏血酸的含量。

六、注意事项

（1）本实验全部过程应尽量避光。
（2）邻苯二胺溶液在空气中颜色会逐渐变深，影响荧光衍生反应，故应用棕色瓶配制，在冰箱中保存不超过3天。
（3）不同的样品中抗坏血酸的含量不相同，称取的样品量可酌量增减。

七、思考题

（1）写出荧光生成反应式，并根据荧光与分子结构解释荧光的产生。
（2）如何测定某物质的荧光激发光谱与发射光谱曲线？
（3）荧光光谱中可能出现多个峰？如何判断是荧光峰还是散射峰？

实验十三　荧光法测定医用维生素 B_2 中核黄素的含量

一、实验目的

(1) 学习和掌握荧光分析法的基本原理和方法。
(2) 学会使用 RF 5301 荧光分光光度计。

二、实验原理

核黄素易溶于水而不溶于乙醚等有机溶剂，在中性或酸性溶液中稳定，光照易分解，对热稳定。核黄素在碱性溶液中经光线照射会发生分解而转化为光黄素，光黄素的荧光比核黄素的荧光强得多，故测核黄素时溶液要控制在酸性范围内，且在避光条件下进行。

核黄素化学名：7，8 - 二甲基 - 10[(2S，3S，4R) - 2，3，4，5 - 四羟基戊基]苯并蝶啶 - 2，4 (3H，10H) - 二酮。

分子式：$C_{17}H_{20}N_4O_6$。

相对分子质量：376.36。

三、实验仪器

本实验仪器采用 RF 5301 荧光分光光度计（日本岛津公司）。

1. 仪器介绍

拥有高水平的 S/N，可达 150 以上。最适合高灵敏度、高分辨率测定。其主要参数和特点如下：

(1) 测定范围：220～900 nm。
(2) 带宽：1.5 nm、3 nm、5 nm、10 nm、20 nm。
(3) 灵敏度：$S/N > 150$。
(4) 测定方式：定性分析、同步光谱分析、定量分析、时间过程测定。

2. 操作规程

（1）打开电脑和 RF 5301 系统的开关，点击桌面的 RF 5301 的快捷图标，启动仪器的控制程序。

（2）从"Acquire Mode"菜单中选"Spectrum 光谱"，进入光谱模式。

（3）从"Configure 设置"菜单中选择"Parameters 参数"：若样品激发光谱的发射波长或发射光谱的激发波长未知，则在图 13-1 对话框中设置合适的激发发射狭缝宽度、灵敏度，放置标样，在光度计按键中点击 ，在弹出的对话框中选择激发光和发射光的范围以及激发光的波长的间隔，点"Search"键，等待一段时间，由仪器给出最优波长。

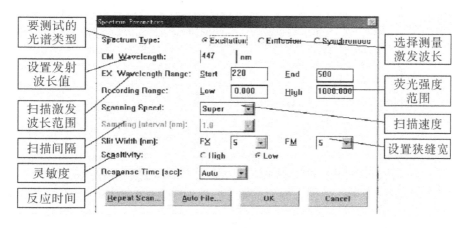

图 13-1　光谱参数设置

（4）扫描完成后出现的谱图如图 13-2 所示。

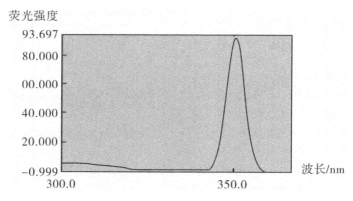

图 13-2　扫描完成的谱图

（5）定量分析的参数设置（图13-3）：设置激发发射光波长、激发发射狭缝宽度、灵敏度、反应时间、单位、浓度以及强度范围。

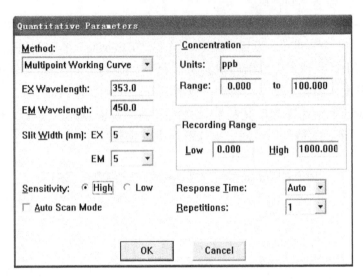

图13-3　定量分析参数设置

（6）将装有蒸馏水的样品池放入池槽中，点击 自动回零。

（7）将第一个标准样品装入池槽中，点击 弹出如图13-4所示对话框，输入标准样品的浓度，得出标准样品信息见图13-5。

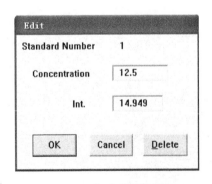

图13-4　标准样品设置框

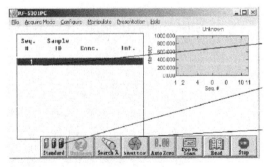

图13-5　标准样品信息

（8）以此测完5个标准样品后，屏幕上会出现工作曲线（图13-6），也会出现标准曲线方程（图13-7）。

(9) 在工作曲线绘制完成后,可以定量测定未知样的浓度,点击 。然后将未知样品放入池槽中,点击 开始浓度的测定。

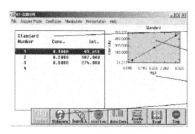

图 13-6 标准工作曲线

图 13-7 标准曲线方程

四、实验试剂

10.0 μg/mL 核黄素标准溶液的配制:称取 0.01 g 核黄素置于 50 mL 烧杯中,以蒸馏水溶解后,定容于 1000 mL 容量瓶中,摇匀,备用。

五、实验步骤

1. 配制系列标准溶液

取 4 个 50 mL 容量瓶,分别加入 1.00 mL、2.00 mL、3.00 mL、4.00 mL 核黄素标准溶液,用水稀释至刻度,摇匀。

2. 确定核黄素的最大激发波长和发射波长

对核黄素标准溶液进行荧光扫描,根据激发光谱曲线和发射光谱曲线,确定最大激发波长和最大发射波长。

3. 绘制标准曲线

根据上述核黄素标准溶液的荧光强度,绘制标准曲线。

4. 测定未知试样

取医用维生素 B_2 片剂 1 片,置于 50 mL 烧杯中,加少量蒸馏水溶解,定容于 1000 mL 容量瓶中,摇匀,备用。

六、数据处理

(1) 记录核黄素的最大激发波长和最大发射波长:

$E_X = \underline{\qquad\qquad}$; $E_M = \underline{\qquad\qquad\qquad}$ 。

（2）核黄素标准溶液浓度及其荧光强度见表 13 – 1。

表 13 – 1 核黄素标准溶液浓度及其荧光强度

参数＼样品	1	2	3	4	未知样品
C					
F					

（3）绘制核黄素的标准曲线。
（4）计算药片中核黄素的含量，用 mg/片表示。

七、使用注意事项

（1）在实验中，拿比色皿时，手置于 4 条棱角边，切勿直接碰触 4 个光滑的透光面，以免影响检测效果。
（2）比色皿用后，应用醇或其他有机溶剂浸泡。
（3）氙灯长时间使用（1000 h 以上）后可能会发生爆炸，所以保证期（500 h）以后，应及时更换。
（4）在安装或更换氙灯时，应确认电源开关为"Off"，并切断电源。

八、思考题

（1）荧光分光光度计与紫外分光光度计的主要区别是什么？
（2）荧光产生的机理是什么？
（3）荧光分光光度计的比色皿为什么四面透光？
（4）为什么荧光分光光度计入射光源和检测器的方向是垂直的？
（5）为什么不能在碱性环境下检测核黄素？

实验十四　气相色谱法分离苯系物

一、实验目的

（1）掌握气相色谱法的基本原理和定性、定量分析方法。
（2）学习纯物质对照法定性和归一化法定量的分析方法。
（3）了解气相色谱仪的组成、工作原理以及数据采集、数据分析的基本操作。

二、实验原理

气相色谱方法是利用试样中各组分在气相和固定液相间的分配系数不同，将混合物分离、测定的仪器分析方法，特别适用于分析含量少的气体和易挥发的液体。当汽化后的试样被载气带入色谱柱中运行时，组分就在其中的两相间进行反复多次分配，由于固定相对各组分的吸附或溶解能力不同，因此各组分在色谱柱中的运行速度就不同，经过一定的柱长后，便彼此分离，按流出顺序离开色谱柱进入检测器被检测，在记录器上绘制出各组分的色谱峰-流出曲线。在色谱条件一定时，任何一种物质都有确定的保留参数，如保留时间、保留体积及相对保留值等。因此，在相同的色谱操作条件下，通过比较已知纯物质和未知物的保留参数或在固定相上的位置，即可确定未知物为何种物质。测量峰高或峰面积，采用外标法、内标法或归一化法，可确定待测组分的质量分数。

1. 气相色谱仪

典型气相色谱仪由以下五大系统组成：
（1）载气系统：包括气源、净化干燥管和载气流速控制。
a. 常用的载气：氢气、氮气、氦气。
b. 净化干燥管：去除载气中的水、有机物等杂质（依次通过分子筛、活性炭等）。
c. 载气流速控制：压力表、流量计、针形稳压阀，控制载气流速恒定。
（2）进样装置：进样器+气化室。

a. 气体进样器（六通阀）：有推拉式和旋转式两种。

b. 试样首先充满定量管，切入后，载气携带定量管中的试样气体进入分离柱。

c. 液体进样器：不同规格的专用进样器，填充柱色谱常用 10 μL；毛细管色谱常用 1 μL。

d. 气化室：将液体试样瞬间气化的装置。

（3）色谱柱（分离柱）：色谱仪的核心部件，分为填充柱和毛细管柱。

（4）检测系统：色谱仪的"眼睛"。常用的检测器有：热导检测器、氢火焰离子化检测器。

（5）温度控制系统：控制温度。温度是色谱分离条件中的重要选择参数。气化室、分离室、检测器三部分在色谱仪操作时均需控制温度。

a. 气化室：保证液体试样瞬间气化。

b. 分离室：准确控制分离需要的温度。当试样复杂时，分离室温度需要按一定程序控制温度变化，各组分在最佳温度下分离。

c. 检测器：保证被分离后的组分通过时不在此冷凝。

2. 衡量一对色谱峰分离的程度

用分离度 R 表示：

$$R = 2(t_{R,2} - t_{R,1})/(Y_1 + Y_2)$$

式中，$t_{R,2}$，$t_{R,1}$——分别是两个组分的保留时间；

Y_1，Y_2——分别是两个组分的半峰底宽。

当 $R=1.5$ 时，两峰完全分离；当 $R=1.0$ 时，两峰98%的分离。

3. 用色谱法进行定性分析

其任务是确定色谱图上每一个峰所代表的物质。在色谱条件一定时，任何一种物质都有确定的保留值、保留时间、保留体积、保留指数及相对保留参数。因此，在相同的色谱操作条件下，通过比较已知纯样、未知物的保留参数或在固定相上的位置，即可确定未知物为何种物质。

4. 用已知物进行定性

可采用单柱比较法、峰高加入法或双柱比较法。单柱比较法是在相同的色谱条件下，分别对已知纯物质及待测试样进行色谱分析，得到两张色谱图，然后比较其保留参数。当两者的数值相等时，即可认为待测试样中有纯物质组分存在。

三、仪器与试剂

1. 仪器

（1）GC900A 气相色谱仪、FID 检测器、1 μL 微量进样器、25 mL 容量瓶。

（2）高纯氮气（99.99%）、氢气发生器、空气压缩机。

（3）色谱柱：毛细管柱 SE-30 规格 30 m×0.25 mm×0.33 μm。

2. 试剂

苯，甲苯，对二甲苯（AR），苯、甲苯、对二甲苯（1:1:1 体积比）的混合苯系物。

四、实验步骤

（1）通氮气，启动主机：开启气源（高压钢瓶或气体发生器）→接通载气→燃气→助燃气→打开气相色谱仪主机电源→打开计算机电源开关→联机→打开色谱工作站。

（2）调节色谱条件：按表 14-1 中色谱条件进行条件设置。温度升至一定数值后，进行自动或手动点火。

（3）用微量进样器进样苯系物混合试样 0.02 μL，记录色谱图上各峰的保留时间。待基线稳定后，用 1 μL 微量进样器取 0.02 μL 苯系物样品注入色谱仪，同时按下计时器，记录每一色谱峰的保留时间 t_R，重复 3 次。

（4）分别进样苯、甲苯、对二甲苯等纯试剂 0.02 μL，记录色谱图上各峰的保留时间：在相同色谱条件下，分别取少量（约 0.02 μL）苯、甲苯、对二甲苯的纯物质注入色谱仪，每种物质重复做 3 次，记录各种纯物质的保留时间 t_R。

（5）色谱峰记录与处理：色谱工作站自动获得积分峰面积、峰高、保留时间等数据。

（6）实验结束后退出，调节氢气、空气流量为零，随后关闭氢-空发生器，待柱温和检测器降到 70 ℃后关闭色谱仪，最后将氮气钢瓶关闭。

仪器测试条件见表 14-1。

表 14-1 仪器测试条件（测定苯系物条件—载气流速 N_2 20 mL/min）

仪器型号	TVOC900	仪器编号	060615
柱箱温度	110 ℃	载气柱前压	0.04 MPa
气化室温度	200 ℃	氢气压力	0.02 MPa
检测器温度	200 ℃	空气压力	0.03 MPa
程序升温			
仪器衰减		检测器	FID
分析样品	苯系物	FID 灵敏度	10^9 Ω
进样量	0.02 μL	TCD 桥流	
毛细柱	SE-30	ECD 电流	
分流	mL/min	尾吹	0.02 MPa
测试日期		测试人员	

五、数据记录

数据记录见表 14-2。

表 14-2 利用纯物质对照法定性

试 剂	苯	甲 苯	对二甲苯
保留时间/min			
保留时间/min			
保留时间/min			

六、结果处理

采用单柱比较法，对已知纯物质及待测试样进行色谱分析，比较其保留时间，当两者的数值相等时，确认待测试样中的组分存在，并计算两峰的分辨率。

七、问题讨论

(1)本实验中,进样量是否要求非常准确?
(2)实验中应注意哪些操作?

实验十五　气相色谱程序升温法分析开油水成分

一、实验目的

（1）学习 GC900A 气相色谱仪的操作规程和使用方法，了解气相色谱仪的构造。
（2）加深理解气相色谱法的原理和应用。
（3）掌握气相色谱分析的一般实验方法。
（4）掌握色谱工作站的使用，熟悉参数设定，并对数据采集、数据分析加深理解。

二、实验原理

1. 气相色谱仪的基本工作原理

气相色谱仪根据试样中各组分在色谱柱中的气相和固定相间的分配系数不同，当汽化后的试样被载气带入色谱柱中运行时，组分就在其中的两相间进行反复多次（$10^3 \sim 10^6$）的分配（吸附—脱附—放出），由于固定相对各种组分的吸附能力不同（即保存作用不同），因此各组分在色谱柱中的运行速度不同，经过一定的柱长后，便彼此分离；分离后的组分按保留时间的先后顺序进入检测器，检测器根据组分的物理化学性质将组分按顺序检测出来并自动记录检测信号，产生的信号经放大后，在记录器上描绘出各组分的色谱峰；最终依据试样中各组分保留时间（出峰位置）进行定性分析或依据响应值（峰高或峰面积）对试样中各组分进行定量分析。

气相色谱仪见图 15-1。

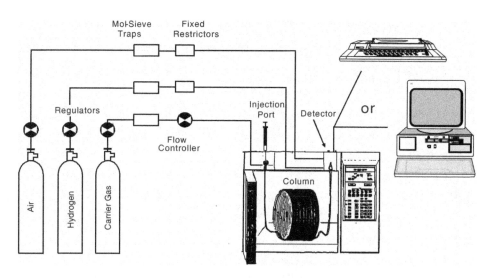

图 15-1　气相色谱仪

2. 气相色谱仪的主要组成部分

（1）气路系统：包括气源、气体净化、气体流速控制阀门和压力表等。

（2）进样系统：包括进样器、气化室（将液体样品瞬间气化为蒸气）等。

（3）分离系统：包括色谱柱和柱温控制装置（色谱柱箱）等。

（4）检测系统：包括检测器、控温装置等。

（5）操作系统：包括中文显示器、触摸式参数输入键盘。

（6）记录系统：包括放大器、数据处理系统（色谱工作站）等。

注：色谱仪的气化室、色谱柱、检测器都必须是在恒温箱中，温度的控制是色谱法测定中一个很重要的因素。

3. 气相色谱仪的主要性能特点

（1）高效能：可以分析沸点十分相近的组分和极为复杂的多组分混合物。例如，用毛细管柱可以分析轻油中 150 个组分。

（2）高选择性：通过选用高选择性的固定液可对性质极为相似的组分进行有效分离，如同位素、烃类的异构体等。

（3）高灵敏度：配置高灵敏度的检测器可检测出 $10^{-13} \sim 10^{-11} \mathrm{g/mL}$ 的物质，可用于超痕量分析。

（4）分析速度快：一次分析周期几分钟或十几分钟，某些快速分析几秒钟可以分析若干组分。

（5）应用范围广：可分析气体和易挥发或可以转化为易挥发的液体和固体。

4. 气相色谱法定性分析的依据和方法

在气相色谱法中,定性分析就是确定色谱组分的性质,即鉴定每个色谱峰究竟代表什么组分。确定色谱组分常用方法有保留时间定性法和峰面积(峰高)增大法。

(1)保留时间定性法。用已知物作对照,如在某一色谱条件下,已知物的保留时间与混合样品中某一峰的保留时间一致就可判断该峰为与已知物相同的物质峰。

(2)峰面积(峰高)增大法。用纯物质进行核对,如分析某混合物时发现有 6 个峰,往混合物中加入纯苯后,在同一色谱条件下重新分析,发现第一个峰的峰面积(峰高)增大,则第一个峰为苯。用同样的方法分别加入甲苯等,对应增大的峰为甲苯等物质。

5. 气相色谱法定量分析的依据和方法

气相色谱法定量分析的依据是:在一定条件下,被分析组分的质量与色谱图的峰面积(或峰高)成正比。即:

$$m_i = A_i f_i$$

式中,m_i——分析样品组分的质量;

A_i——峰面积;

f_i——校正因子。

目前,常用的定量分析方法主要有归一化法、内标法、校正曲线法等。本实验采用归一化法,其条件是:①样品中所有组分都要流出色谱柱;②各流出组分在使用的检测器中都要产生信号。计算公式为:

$$p_i = \frac{A_i f_i}{A_1 f_1 + A_2 f_2 + \cdots + A_n f_n} \times 100\%$$

式中,A_i——i 组分的峰面积;

f_i——各组分的校正因子;

p_i——各组分的含量。

三、仪器与试剂

1. 仪器

(1) GC900A 气相色谱仪、FID 检测器、1 μL 微量注射器、25 mL 容量瓶。

(2) 高纯氮气(99.99%)、氢气发生器、空气压缩机。

(3) 色谱柱:毛细管柱 SE - 30,规格 30 m × 0.25 mm × 0.33 μm。

2. 试剂

开油水混合有机试样。开油水配制方法：按质量比，取乙酸正丁酯15%、乙酸乙酯15%、正丁醇10%~15%、乙醇10%、丙酮5%~10%、苯20%、二甲苯20%，然后将其充分混匀即可制得。

四、实验步骤

（1）打开 N_2 钢瓶（减压阀），以 N_2 为载气，开始通气15 min，检漏；调整柱前压约为0.5 MPa。

（2）柱温设定：初始温度设为50 ℃，再在控制板面上设置程序升温条件：50 ℃（3 min）-3 ℃/min-110 ℃（2 min）。

（3）气化室及检测器温度设定，两者均设为200 ℃。

（4）打开色谱工作站，设定相关参数。

（5）打开氢气发生器，空气压缩机。调节氢气和空气流量一般选用载气和氢气流量之比为1:1左右，空气与氢气之比为10:1。待达到面板上设定的温度条件后，点火，并查看是否点燃，稳定。

（6）待仪器稳定后，进样分析，注意进样量为0.02 μL。

（7）色谱峰记录与处理：色谱工作站自动获得积分峰面积、峰高、保留时间等数据。

（8）实验结束后退出程序升温，调节氢气、空气流量为零，随后关闭氢-空发生器，待柱温和检测器温度降到70 ℃后关闭色谱仪，最后将氮气钢瓶关闭。

测定开油水的条件见表15-1。

表15-1 测定开油水的条件（载气：N_2、流速：20 mL/min）

仪 器 测 试 条 件			
仪器型号	TVOC 900	仪器编号	060615
柱箱温度	50 ℃	载气柱前压	0.04 MPa
气化室温度	200 ℃	氢气压力	0.02 MPa
检测器温度	200 ℃	空气压力	0.03 MPa
程序升温	50 ℃（3 min）-3 ℃/min-110 ℃（2 min）		
仪器衰减	—	检测器	FID

(续上表)

仪 器 测 试 条 件			
分析样品	开油水	FID 灵敏度	$10^9 \Omega$
进样量	0.02 μL	TCD 桥流	—
毛细柱	SE-30	ECD 电流	—
分流	mL/min	尾吹	0.02 MPa
测试日期		测试人员	

五、数据记录和处理

（1）详细记录色谱分析的实验条件，包括所用仪器的型号，色谱柱的填料、尺寸、材质、载气种类、流速、检测器类型、参数和进样量等。

（2）考查并讨论进样量对组分保留时间和半峰宽的影响。

（3）利用峰面积归一法（表15-2）计算混合物中各组分的百分含量。

表 15-2　采用面积归一化法定量分析

组　分	保留时间/min	峰面积/A	峰面积比值/%	定性/定量
1				
2				
3				
4				
5				
6				
…				

六、注意事项

（1）先通载气 15 min，确保载气通过色谱柱后，方可打开色谱仪，调节柱温。

(2) 用微量进样器进样前后一定要用溶剂清洗干净，进样时要用样品润洗 4～5 次。

(3) 实验完毕后，待柱温和检测器温度降到 70 ℃后，再关闭载气。

七、思考题

(1) 在气相色谱仪中有单气路和双气路之分，二者各有什么特点？

(2) 在分析有机物时常采用氢火焰离子化检测器，这是为什么？

(3) 在色谱分析中，经常会出现色谱峰不对称的现象，除了进样量的影响之外，还有什么其他影响因素？

实验十六 气相色谱法测白酒中甲醇的含量

一、实验目的

（1）学习 GC2010 气相色谱仪的操作规程和使用方法，了解气相色谱仪的构造。
（2）加深理解气相色谱法的原理和应用。
（3）掌握气相色谱分析的一般实验方法。
（4）掌握色谱工作站的使用，熟悉参数设定，并对数据采集、数据分析加深理解。

二、实验原理

1. 气相色谱仪的基本工作原理

气相色谱仪根据试样中各组分在色谱柱中的气相和固定相间的分配系数不同，当汽化后的试样被载气带入色谱柱中运行时，组分就在其中的两相间进行反复多次（$10^3 \sim 10^6$）的分配（吸附—脱附—放出），由于固定相对各种组分的吸附能力不同（即保存作用不同），因此各组分在色谱柱中的运行速度不同，经过一定的柱长后，便彼此分离；分离后的组分按保留时间的先后顺序进入检测器，检测器根据组分的物理化学性质将组分按顺序检测出来并自动记录检测信号，产生的信号经放大后，在记录器上描绘出各组分的色谱峰；最终依据试样中各组分保留时间（出峰位置）进行定性分析或依据响应值（峰高或峰面积）对试样中各组分进行定量分析。

2. 气相色谱仪的主要组成部分

气相色谱系统由气源、进样口、色谱柱和柱箱、检测器和记录器等部分组成。见图 16-1。

（1）气源：气源负责提供色谱分析所需要的载气，即流动相，载气需要经过纯化和恒压的处理。
（2）色谱柱：气相色谱的色谱柱一般直径很细、长度很长，根据结构

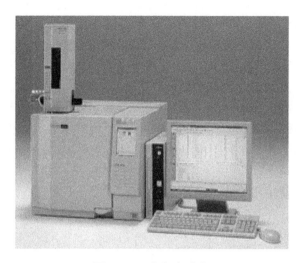

图 16-1　气相色谱仪

可以分为填充柱和毛细管柱两种。

（3）柱箱：柱箱是保护色谱柱和控制柱温度的装置，在气相色谱中，柱温常常会对分离效果产生很大影响，程序性温度控制常常是达到分离效果所必需的。

（4）检测器：检测器是气相色谱带给色谱分析法的新装置，在经典的柱色谱和薄层色谱中，对样品的分离和检测是分别进行的，而气相色谱则实现了分离与检测的结合。随着技术的进步，气相色谱的检测器已经有超过30种不同的类型。

（5）记录器：记录器是记录色谱信号的装置，现在记录工作都已经依靠计算机完成，并能对数据进行实时的化学计量学处理。

3. 色谱图基本知识

（1）色谱图（chromatogram）：样品流经色谱柱和检测器，所得到的信号-时间曲线，又称色谱流出曲线（elution profile）。

（2）基线（base line）：流动相冲洗，柱与流动相达到平衡后，检测器测出一段时间的流出曲线。一般应平行于时间轴。

（3）噪音（noise）：基线信号的波动。通常因电源接触不良或瞬时过载、检测器不稳定、流动相含有气泡或色谱柱被污染所致。

（4）漂移（drift）：基线随时间的缓缓变化。主要由操作条件如电压、温度、流动相及流量的不稳定所引起，柱内的污染物或固定相不断被洗脱出来也会产生漂移。

（5）色谱峰（peak）：组分流经检测器时相应的连续信号产生的曲线。流出曲线上的突起部分。正常色谱峰近似于对称性正态分布曲线（Gauss 曲线）。不对称色谱峰有两种：前延峰（leading peak）和拖尾峰（tailing peak），前者少见。

（6）保留时间（retention time）：被分离样品组分从进样开始到柱后出现该组分浓度极大值时的时间，即从进样开始到出现某组分色谱峰的顶点时为止所经历的时间，称为此组分的保留时间，用 T_R 表示，常以分（min）为时间单位。

4. 气相色谱法定量分析的依据和方法

气相色谱法定量分析的依据：在一定条件下，被分析组分的质量与色谱图的峰面积（或峰高）成正比。即：

$$m_i = A_i f_i$$

式中，m_i——分析样品组分的质量；

A_i——峰面积；

f_i——校正因子。

目前常用的定量分析方法：主要有归一化法、内标法、校正曲线法等。本实验采用归一化法，其条件是：①样品中所有组分都要流出色谱柱；②各流出组分在使用的检测器中都要产生信号。计算公式为：

$$p_i = \frac{A_i f_i}{A_1 f_1 + A_2 f_2 + \cdots + A_n f_n} \times 100\%$$

三、仪器与试剂

1. 仪器

（1）GC 2010 气相色谱仪、氢火焰离子检测器、毛细管柱（聚乙二醇固定液 0.25 mm×30 m×0.5 μm）、自动进样器。

（2）高纯氮气（99.99%）、氢气发生器、空气压缩机。

2. 试剂

60% 乙醇溶液、0.1 g/100 mL 甲醇标准储备溶液。

四、实验步骤

（1）开机：按仪器使用规则，打开机器。

（2）设置色谱条件：调整氢气的压力为 60～80 Pa，空气的压力为

50 Pa，载气为高纯氮（≥99.999%），压力为 400～600 Pa，柱温初始温度为 50 ℃，保持 1 min，然后以 20 ℃/min 程序升温至 150 ℃，检测器温度 200 ℃，进样口温度 190 ℃。

（3）溶液的配制：取甲醇标品 0.1 g（0.0001 g），用 60% 乙醇水溶液定容于 100 mL 的容量瓶中，摇匀，得到 1 mg/mL 的标准储备液。取标准储备液 0.2 mL、0.3 mL、0.4 mL、0.5 mL、0.6 mL 用 60% 乙醇水溶液定容于 100 mL 的容量瓶中，得到浓度为 2.0 μg/mL、3.0 μg/mL、4.0 μg/mL、5.0 μg/mL、6.0 μg/mL 的标准溶液。

（4）标准曲线的制作：按上述色谱条件，将标准溶液分别注入气相色谱仪，得到色谱图。

（5）样品的测定：按上述色谱条件将 1 μL 白酒试样注入气相色谱仪。根据保留时间确定甲醇峰的位置，并记录甲醇峰的峰面积。连续进样 3 次，计算平均值。

（6）分析结束后，点击"System Off"，待检测器、进样口、柱箱温度均降至 70 ℃ 以下时方可关闭工作站、GC 电源和载气气源。

五、实验数据处理

1. 标准曲线

标准溶液相关参数见表 16-1。

表 16-1　标准溶液相关参数

浓度/(μg·mL^{-1})	2.0	3.0	4.0	5.0	6.0
峰面积/A					

（1）保留时间 T_R = _____。
（2）线性方程：_____。
（3）相关系数：_____。

2. 样品中甲醇含量的测定

（1）定性：_____。
（2）定量：_____。

六、注意事项

(1) 实验前做好所有准备工作，开机前先开气源。

(2) 保证氢气发生器液面高度在标尺 1.2～1.8 刻度之间，最好处于中间刻度。

(3) 新的或放置一段时间的色谱柱需在高于最高检测温度 30 ℃左右老化几小时使基线平稳，老化时最好不接检测器。色谱柱实际使用温度不得超过其温度上限。

(4) 进样口密封垫应及时更换，进样时必须采用正确的进样手法。

(5) 不得擅自改动 GC 及色谱工作站上与实验无关的参数。

(6) GC 任一单元部件温度高于 70 ℃情况下，不得关闭载气。

(7) 实验完毕离开实验室之前，必须关闭所有仪器用气源和电源。

七、思考题

(1) 在气相色谱仪中有分流和不分流进样，区别在哪里？分别适用于何种情况？

(2) 气相分离几种有机混合物时，通常需要程序升温，这是为什么？柱温设置的依据是什么？

(3) 在气相色谱分析中，色谱柱一般分为哪几种？不同有机物选择的色谱柱是不同的，选择的原理是什么？

实验十七 高效液相色谱仪的结构及使用方法

一、实验目的

(1) 了解高效液相色谱仪（以安捷伦1100为例）的基本结构及液路系统。
(2) 掌握高效液相色谱仪的基本操作。
(3) 了解高效液相色谱仪的基本工作原理及日常保养。

二、实验原理

高效液相色谱法具有分离效率高、分析速度快的特点，因此被称作高效液相色谱（high performance liquid chromatography，HPLC）。HPLC对那些气相色谱难以分析的挥发性差、极性强、热不稳定及具有生物活性的样品的分析具有独到之处。

狭义的液相色谱是指柱色谱形式。广义的液相色谱除了柱色谱外，还包括薄层色谱和纸色谱。柱色谱按照分离机理一般分为吸附色谱、分配色谱、凝胶色谱及离子交换色谱等。而分配色谱中很多时候应用的流动相极性比固定相大，因此也被称作反相色谱。可以说，是化学键合型固定相的出现推动了反相色谱的发展，其中最典型的键合型固定相就是C18柱（octa decyl silica，ODS）。此外，比较常用的还有C8以及苯基柱、腈基柱等。与反相色谱相对应的是正相色谱，它的分离机理属于分配色谱类型，流动相的极性比固定相的极性小，常用的固定相是硅胶、氧化铝、活性炭等。

高效液相色谱仪的最基本组成包括输液泵、进样器、色谱柱、检测器和工作站。示意图见图17-1。根据实验的不同要求还可配置自动进样器、流动相在线脱气装置和自动控制系统等。

输液泵是将流动相以稳定的流速或压力将流动相输送至体系中，使流动相先流经进样器带着样品进入色谱柱进行分析，然后进入检测器被检测。可以说输液泵的稳定性直接影响分析结果的重现性和准确性，因此好的HPLC

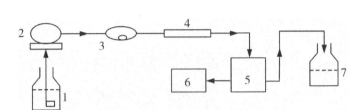

图 17-1 HPLC 的基本组成示意图

1-流动相；2-输液泵；3-进样器；4-色谱柱；5-检测器；6-工作站；7-废液瓶

仪器必定配有精度很高的输液泵。现在的液相色谱仪几乎都采用耐高压、重复性好和操作方便的六通阀进样器。进样体积可以由定量管或由微量进样器确定，定量管和微量进样器有不同规格，可以根据需要选用。由定量管确定体积时要求微量进样器吸取样品的体积要大于定量管的体积，保证定量的准确性。由微量进样器确定体积时其吸取的样品体积要小于定量管的体积。六通阀进样器的结构示意图如图 17-2 所示。

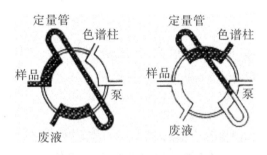

图 17-2 六通阀进样器示意图

色谱柱是 HPLC 中实现分离的核心部件，只有柱效高、性能稳定的色谱柱才能有好的分析结果。常用的分析型液相色谱柱是内径 4.6 mm、长度在 10～30 cm 之间的内部经过抛光处理的不锈钢色谱柱。色谱柱内的填料一般是 5～10 μm 的球形颗粒。经过特殊的装柱工具装填使内部紧实地装满固定相，这也是输送液体要用能够承受高压的输液泵才能实现较高的分离效率的原因。

检测器是用来连续检测经色谱柱分离后的流出物的组成和含量变化的装置。检测器要求灵敏度高、噪声低、线性范围宽、通用性好等。一般常用的有紫外检测器、示差折光检测器、荧光检测器、电导检测器等。其中示差折光检测器是通用性检测器，但是灵敏度稍差，而且不能用在梯度淋洗中。紫外检测器对没有紫外吸收的样品没有办法检测，但是可以用在梯度淋洗中，因此应用得相当广泛。

色谱工作站是专门为各个厂家的仪器所配的集采集、存储、处理数据和控制仪器于一体的软件,不同的生产厂家的工作站各有千秋,可以方便地实现处理数据,并给出分析结果。

三、仪器与试剂

1. 仪器

安捷伦(Agilent)1100 液相色谱系统,包括 1 个高压输液泵、1 个柱温箱、紫外检测器和色谱工作站、ODS 色谱柱、手动进样六通阀、微量进样器。

2. 试剂

超纯水、甲醇(光谱级)。

四、实验步骤

(1)打开高效液相色谱仪 Agilent 1100 的泵单元、检测器、色谱工作站的电源开关,系统开始检测,开计算机,点击 N 2000 色谱在线工作站,选择通道 A。

(2)逆时针打开 Purge 阀,在手持控制器面按 Settings(F1)选择"2.Iso Pump"项,设置流速 Flow 为 5.000 mL/min,选(F8)确定,开泵,按 Done 项,排气 10 min。

(3)在手持控制器面设定流速为 0 mL/min,关阀,同法设定流速为检测流速(一般为 0.800～1.000 mL/min),按(F8),选择"Pump On"项,开启泵,按 Done 项,确定,系统稳定至少 30～45 min。

(4)系统稳定后,按 Settings(F1)选择"3VW Detector",设 wavelength(检测波长)。按(F8)确定,选择 System On,按(F6)Done,返回手持控制器面。

(5)进样操作。点击 N 2000 色谱在线工作站界面的"查看基线",并且按"零点校正"。待到基线平稳后方可进样。

(6)用待测溶液冲洗进样针数次,然后在"INJECT"和"LOAD"位置下,冲洗内外路数次。

(7)将在"INJECT"位置进样器手柄扳到"LOAD"位置,进针,迅速将手柄扳到"INJECT"位置,进样,按采集数据开关,开始分析。

(8) 清洗和关机。

五、注意事项

(1) 根据实验要求配制流动相。所有 HPLC 洗脱用的溶剂和样品，使用之前必须通过 0.22 μm 或 0.45 μm 的滤膜过滤，流动相使用前应先脱气。

(2) 打开 Agilent 1100 各部件的电源开关，仪器自检完成后，打开 Agilent 1100 泵的冲洗阀，用手持控制器开启系统"On"，并设置一定流速，对系统管路进行脱气，在确认管路没有气泡后，把流速设为"0"，关闭冲洗阀。

(3) 根据实验要求用手持控制器设定所需流速和检测波长。

(4) 打开色谱工作站电脑，进入"在线"状态，设定相关的实验参数（结束时间，数据文件的命名等），点击"观察基线"，等基线稳定后进样检测。

(5) 所有的试样检测完成后，在"离线"状态进行数据分析，设置合适的积分参数进行积分，得到面积百分比的结果，如果需要用外标法或内标法进行定量，则要选定外标法或内标法，填写组分表，输入相应的标样浓度，调出对应的标样谱图，得到标准曲线，并保存（输出）方法。计算未知样品时，先调出（打开）所要定量的未知样品谱图，调出（加载）所用的标准曲线，点击"预览报告"，即可得到该样品的定量结果，点击"打印"，即可输出报告（具体操作见 N 2000 说明书）。

(6) 实验完成后，应将系统冲洗干净。如果流动相使用了含盐的缓冲溶液，对于反相系统，可用 10% 的甲醇溶液或 20% 的乙醇溶液冲洗系统，一定要将盐溶液彻底冲洗干净，以免盐析出堵塞系统。

(7) 柱子长期不用时，应将柱子冲洗干净，并用合适溶液保存柱子。

(8) 仪器长时间不用时，应用 100% 的甲醇溶液充注系统，溶剂过滤头不要长时间浸泡在水溶液或盐溶液之中，以免发霉堵塞。

六、思考题

你认为这种仪器在使用的过程中如何保养？

实验十八 反相高效液相色谱法分析混合有机物中的丙酮

一、实验目的

(1) 进一步了解高效液相色谱仪（以安捷伦 1100 为例）的基本结构及基本操作。
(2) 了解液相色谱分离的基本原理。
(3) 了解流动相和样品溶液的制备方法。
(4) 掌握液相色谱的基本定性方法。

二、实验原理

高效液相色谱仪对低挥发性或非挥发性、热稳定性差的有机化合物、大分子化合物、生物制品等有很好的分离效果；同时可为红外、核磁、质谱等结构分析仪器提供纯化样品，在石油化工、天然产物分析、生化、医药、环境科学、食品卫生等诸方面得到了广泛的应用，进行样品的定性和定量分析，蛋白质大分子生物样品的分析和分步收集。

反相色谱法一般用非极性固定相（如 C18、C8），流动相为水或缓冲液，常加入甲醇、乙腈、异丙醇、丙酮、四氢呋喃等与水互溶的有机溶剂以调节保留时间。适用于分离非极性和极性较弱的化合物。反相液相色谱（RP – HPLC）在现代液相色谱中应用最为广泛，据统计，它占整个 HPLC 应用的 80% 左右。溶质在流动相和固定相中溶解度不同而分离，分离过程是一个分配平衡过程。

1. 分离原理

见理论课本上的关于柱色谱分离机理中的吸附色谱、分配色谱。

高效液相色谱的分离过程同其他色谱过程一样，也是溶质在固定相和流动相之间进行的一种连续多次交换过程。它借溶质在两相间分配系数、亲和力、吸附力或分子大小不同而引起的排阻作用的差别使不同溶质得以分离。

2. 仪器的工作原理

见实验十七"高效液相色谱仪的结构及使用方法"。

高效液相色谱分析的流程：由泵将储液瓶中的溶剂吸入色谱系统，然后输出，经流量与压力测量之后，导入进样器。被测物由进样器注入，并随流动相通过色谱柱，在柱上进行分离后进入检测器，检测信号由数据处理设备采集与处理，并记录色谱图。废液流入废液瓶。遇到复杂的混合物分离（极性范围比较宽）还可用梯度控制器作梯度洗脱。

3. 定性方法

本实验的色谱定性的方法采用保留值定性，即比较保留时间。

如：某有机混合样品溶液中是否含有丹参酮Ⅱ_A这种成分？观察下面两个谱图（图18-1、图18-2）。

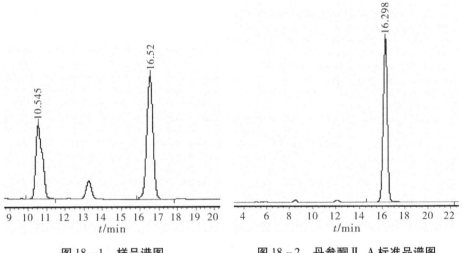

图18-1　样品谱图　　　　　图18-2　丹参酮Ⅱ_A标准品谱图

结论：对比两个谱图可知，样品中的第三个峰的保留时间和标准谱图中的保留时间基本一致（出现微小的时间误差是由于手动进样的原因），说明样品中含有丹参酮Ⅱ_A这种物质。

三、仪器与试剂

1. 仪器

安捷伦1100液相色谱系统，包括1个高压输液泵、一个柱温箱、紫外检测器和色谱工作站。C18色谱柱、手动进样器、微量进样器。

2. 试剂

新鲜超纯水、甲醇、丙酮（均为色谱级），待测物溶液。

四、实验内容与步骤

1. 开机并确定实验条件

打开计算机，等自检程序完成后，依次打开泵、柱温箱、检测器的开关。待仪器连接通讯完毕后，按操作规程设定操作条件。

2. 各种溶液制备

（1）制备流动相溶液。准备所需的色谱纯甲醇和新鲜制备的二次蒸馏水，将其分别用 0.45 μm 有机滤膜和水膜过滤，再以体积比为 80:20 的比例混溶于溶剂瓶中，然后超声脱气即可。

（2）制备标准品溶液。移取丙酮标准品（溶液）1 mL 于 5 mL 容量瓶中，用流动相定容，超声脱气，冷却并补足失量。再用一次性针头过滤器（内有 0.22 μm 有机滤膜）过滤于另一 5 mL 容量瓶中，然后再超声脱气即可。

（3）制备样品溶液。移取样品（溶液）5 mL 于 25 mL 容量瓶中，用流动相定容，超声脱气，冷却并补足失量。再用一次性针头过滤器（内有 0.22 μm 有机滤膜）过滤于另一 5 mL 容量瓶中，然后再超声脱气即可。

3. 定性分析（对比保留时间）

先开机，待色谱柱平衡。

（1）仪器条件：按操作规程（见实验十七）设定仪器分析条件。进样体积：5 μL。流速：1.0 mL/min。C18 柱，柱温箱：30 ℃。紫外检测器：波长 280 nm。

（2）定性分析测定。由于仪器内部压力的变化可以引起基线的不断波动，因此，需等待压力稳定后，基线平稳才能进行进样。

a. 标准品溶液进样 5 μL（3 次）。

b. 混合样品溶液进样 20 μL（3 次）。

同样的实验条件下，比较各峰的保留时间，给出定性的结果。

4. 关机

（1）用保存液（一般为色谱纯甲醇）冲洗泵，色谱柱，流通池，直到保存液充满各处管路并且没有气泡为止（>30 min）。

（2）选择"Lamp Off"先关检测器，再关阀，选择"Pump Off"关泵，最后关电源（包括关计算机）。

五、注意事项

（1）严格执行操作规程。
（2）系统平衡后，基线平稳 5 分钟后才能进样。
（3）实验完，清洗好柱子后才能关机。
（4）微量注射器中不能有气泡。

六、思考题

（1）色谱峰出现平头峰时怎么办？
（2）反相色谱中流动相的特点是什么？

实验十九　高效液相色谱法检测奶粉中三聚氰胺的含量

一、实验目的

（1）掌握高效液相色谱法检测乳制品中三聚氰胺的原理、方法。
（2）掌握岛津 LC 20AD 高效液相色谱仪的原理、构造及使用方法。

二、实验原理

1. 高效液相色谱法基本工作原理

高效液相色谱法（high performance liquid chromatography，HPLC）是在经典液相色谱法的基础上，于 20 世纪 60 年代后期引入气相色谱理论而迅速发展起来的。它与经典的液相色谱法的区别是填料颗粒小而均匀，小颗粒具有高柱效，但会引起高阻力，需用高压输送流动相，故又称高压液相色谱法（high pressure liquid chromatography，HPLC）。又因分析速度快而称为高速液相色谱法（high speed liquid chromatography，HSLC）。

其基本工作原理是储液器中的流动相被高压泵泵入系统，样品溶液经进样器进入流动相，被流动相载入色谱柱（固定相）内，由于样品溶液中的各组分在两相中具有不同的分配系数，在两相中做相对运动时，经过反复多次的吸附-解吸的分配过程，各组分在移动速度上产生较大的差别，被分离成单个组分依次从柱内流出，通过检测器时，样品浓度被转换成电信号传送到记录仪，数据以图谱形式打印出来。

2. HPLC 的特点

（1）高压：压力可达 150～300 kg/cm^2，色谱柱每米降压为 75 kg/cm^2 以上。
（2）高速：流速为 0.1～10.0 mL/min。
（3）高效：理论塔板数可达 10000 以上，在一根柱中同时分离成分可达 100 种。
（4）高灵敏度：紫外检测器灵敏度为 0.01 ng，同时，消耗样品少。

3. 仪器构造介绍

本系统由 2 个 LC 20AD 溶剂输送泵（分主/A 泵和副/B 泵）、SIL-20A 自动进样阀、SPD-20A 紫外-可见检测器、CTO-20A 柱箱、Labsolution 色谱数据工作站和电脑等组成。

4. 使用方法介绍

Labsolution 工作站主要分成两部分：一部分是实时分析界面，用来进行试验数据的获取；另一部分是再解析界面，用来进行数据的再分析。

在实时分析界面，先设置实验条件，主要包括检测波长的设置、检测温度的设置、流动相比例的设置、流速的设置以及采集时间的设置。将设置好的条件另存为电脑的某一盘里，在达到设置的试验条件后，仪器提示"ready"，可以进样分析。点击工作站的单次分析或批量分析，编辑内容，点击"Ok"，将样品用滤膜过滤后通过六通阀注入液相中，流动相由高压泵压入定量环带着样品进入色谱柱进行分离，不同的化学成分在柱子中的保留时间不同，这些成分会依次进入检测器，检测后流入废液缸中。分析界面会出现我们需要的色谱图，电脑自动积分，算出每个峰的峰面积，在符合朗伯-比尔定律的基础上，与浓度成正比例关系，从而进行定量分析。

在再解析界面，可以对已经取得的色谱图进行解析，通过比较保留时间进行定性，通过绘制标准曲线进行定量。

三、仪器与试剂

1. 仪器

高效液相色谱仪（岛津 LC 20AD）、分析天平、超声波清洗器、阳离子交换固相萃取柱。

2. 试剂

甲醇、乙腈、氨水、三氯乙酸、柠檬酸、辛烷磺酸钠、三聚氰胺标准品。

四、实验步骤

1. 色谱条件

C18 色谱柱（150 mm × 4.6 mm × 5 μm）；流动相：离子对试剂缓冲液 [（柠檬酸和辛烷磺酸钠）:乙腈] = 90:10；流速：1.0 mL/min；柱温：40 ℃；波长：240 nm；进样量：20 μL。

2. 标准曲线绘制

准确称取 100 mg 的三聚氰胺标准品,用 50% 甲醇水溶液定容于 100 mL 的容量瓶中,得到 1 mg/mL 的标准储备液,用流动相将三聚氰胺标准储备液逐级稀释得到浓度为 0.8 μg/mL、2.0 μg/mL、20.0 μg/mL、40.0 μg/mL、80.0 μg/mL 的标准工作液,按浓度由低到高进样检测,以峰面积 – 浓度作图,得到标准曲线回归方程。

3. 样品测定

在上述条件下,将样品按岛津 LC 20AD 高效液相色谱仪操作规程分析进样检测,将样品中三聚氰胺的响应值代入到标准曲线上,进行定量(超过线性范围则稀释后再进样分析)。

五、实验数据处理

1. 三聚氰胺标准曲线的绘制(表 19 – 1)

表 19 – 1　标准溶液相关参数

浓度/(μg·mL^{-1})	0.8	2.0	20.0	40.0	80.0
峰面积 A					

(1)保留时间 T_R = _____。
(2)线性方程:_____。
(3)相关系数:_____。

2. 未知样中三聚氰胺的测定

(1)定性:_____。
(2)定量:_____。

六、注意事项

(1)不同品牌的奶粉中三聚氰胺的含量不同,称取的样品量可酌量增减。
(2)若样品和标准溶液需保存,应置于冰箱中。
(3)为获得良好结果,标准品和样品的进样量要严格保持一致。
(4)使用者须认真履行仪器使用登记制度,出现问题及时向老师报告,不要擅自拆卸仪器。

七、思考题

（1）标准样和未知样的进样量要严格保持一致，若不一致，会引起什么问题？

（2）若标准曲线用三聚氰胺浓度对峰高作图，能给出准确结果吗？与本实验的标准曲线相比何者优越？为什么？

（3）同一物质每次进样时的保留时间不重复，是什么原因造成的？

实验二十 离子色谱法测定矿泉水中 F^-、Cl^-、NO_3^- 和 SO_4^{2-}

一、实验目的

（1）了解离子色谱仪的特点和用途。
（2）掌握用离子色谱仪测定阴离子的方法。

二、实验原理

水样注入仪器后，在淋洗液（碳酸盐 – 碳酸氢盐）的携带下经阴离子分析柱。由于水样中各阴离子对分离柱中的固定相（阴离子交换树脂）的亲和力不同、移动速度不同，流经柱子后，从而使各离子得以分离。随后经阴离子抑制柱，淋洗液碳酸盐 – 碳酸氢盐被转换成碳酸，使背景电导降低。最后通过电导检测器，依次输出各离子的电导信号值（峰高或峰面积）。用色谱软件采集其信号，通过与标准比较，用保留时间可做定性、峰面积外标法可定量分析（离子色谱仪系统结构方块图见图 20 – 1）。

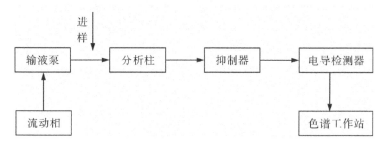

图 20 – 1 离子色谱系统结构方块示意图

三、仪器与试剂

1. 仪器

美国戴安公司 ICS 900 型离子色谱仪、阴离子分析柱、阴离子抑制器、电导检测器。

2. 试剂

淋洗液储备液（Na_2CO_3 – $NaHCO_3$，浓度分别为 0.035 mol/L 和 0.010 mol/L）：称取 3.71 g 无水碳酸钠和 0.84 g 碳酸氢钠，共溶于少量纯净水中并定容于 1000 mL 的容量瓶。用 0.45 μm 的水系滤膜过滤，贮存于聚乙烯瓶中，冰箱内保存。

淋洗液使用液（Na_2CO_3 – $NaHCO_3$，浓度分别为 0.0035 mol/L 和 0.0010 mol/L）：用量筒量取 200 mL 淋洗液储备液用纯水稀释至 2000 mL 装到淋洗液瓶中摇均。

氟离子标准储备液（1.000 mg/mL）：称取 0.2210 g 在干燥器中干燥过的高纯氟化钠，溶于少量纯净水中并定容于 100 mL 的容量瓶。用 0.45 μm 的水系滤膜过滤，贮存于聚乙烯瓶中，冰箱内保存。

氯离子标准储备液（1.000 mg/mL）：称取 0.1648 g 于 500～600 ℃ 烧至恒重的高纯氯化钠，溶于少量纯净水中并定容于 100 mL 的容量瓶。用 0.45 μm 的水系滤膜过滤，贮存于聚乙烯瓶中，冰箱内保存。

硝酸根离子标准储备液（1.000 mg/mL）：称取 0.1631 g 于 120～130 ℃ 干燥至恒重的高纯硝酸钾，溶于少量纯净水中并定容于 100 mL 的容量瓶。用 0.45 μm 的水系滤膜过滤，贮存于聚乙烯瓶中，冰箱内保存。

硫酸根离子标准储备液（1.000 mg/mL）：称取 0.1814 g 于 105 ℃ 干燥至恒重的高纯硫酸钾，溶于少量纯净水中并定容于 100 mL 的容量瓶。用 0.45 μm 的水系滤膜过滤，贮存于聚乙烯瓶中，冰箱保存。

混合标准使用液：用 20～1000 μL 可调微量移液器分别取 F^-、Cl^-、NO_3^- 和 SO_4^{2-} 的标准储备液 1.00 mL 于 100 mL 的容量瓶中，以淋洗使用液定容。此溶液 F^-、Cl^-、NO_3^- 和 SO_4^{2-} 的浓度各为 10.00 mg/L。

四、实验步骤

1. 平衡仪器

按仪器操作步骤设定色谱条件柱温为室温，淋洗液流量 1.0 mL/min，进样量 25 μL，按仪器操作规程（见附录十）开启仪器平衡基线。

2. 水样的处理

未知样品经 0.45 μm 的水系滤膜过滤，用淋洗液稀释 100 倍左右摇均待测。若测定值偏离外标曲线，适当增减稀释倍数后再测定至曲线之内方可。

3. 样品分析

（1）定性分析：用 20～200 μL 可调微量移液器分别取 F^-、Cl^-、NO_3^- 和 SO_4^{2-} 的标准储备液 100 μL 于不同的 10 mL 塑料管中，以淋洗使用液稀至 10 mL。分别进样 25 μL 采集信号，根据谱图中的保留时间确定离子的种类和出峰顺序。图 20 - 2 为常见阴离子色谱示意图。

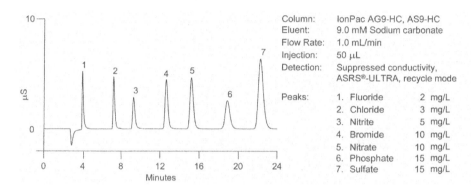

图 20 - 2　饮用水中常见阴离子色谱示意图

（2）定量分析：测定各离子的峰面积，用外标法定量。

标准曲线的绘制：用 20～1000 μL、1000～5000 μL 可调微量移液器分别取 F^-、Cl^-、NO_3^- 和 SO_4^{2-} 的混合标准使用液 0.00 mL、0.50 mL、1.00 mL、2.00 mL、5.00 mL 于 10 mL 的容量瓶中，用淋洗液定容摇匀。此溶液 F^-、Cl^-、NO_3^- 和 SO_4^{2-} 的浓度各为 0.00 mg/L、0.50 mg/L、1.00 mg/L、2.00 mg/L、5.00 mg/L、10.00 mg/L。以浓度为横坐标，峰面积为纵坐标，分别绘制 F^-、Cl^-、NO_3^- 和 SO_4^{2-} 的工作曲线。依各自的 $y = bx + c$ 计算出水样中各离子的含量（mg/L）。

五、思考题

（1）简述离子色谱法的分离原理及分析样品的优点。
（2）本实验阴离子分析的淋洗液是什么？
（3）离子色谱常用检测器是什么？
（4）离子色谱分析除固定件外，改变什么可改善分离度？

实验二十一 循环伏安法测定 K₃[Fe(CN)₆]

一、实验目的

(1) 学习固体电极表面的处理方法。
(2) 掌握循环伏安法的实验原理、实验参数的确定、实验数据的处理及分析。
(3) 掌握用循环伏安法判断电极过程的可逆性。
(4) 了解扫描速率和浓度对循环伏安图的影响。

二、实验原理

循环伏安法是电化学基础研究和电分析方法的最基本内容,有着"电化学的眼睛"之重要地位。通过循环伏安法可以了解某一化学物质在一个特定的电极表面、特定的电解质条件下发生电子转移的可能性以及反应进行的程度和更多的其他化学信息。而 K₃[Fe(CN)₆]/K₄[Fe(CN)₆] 的循环伏安法则是学习本方法最初步、最典型的单元实验。

循环伏安法采用直流电压随时间线性变化的扫描技术,是在电极上施加一个线性扫描电压,当达到某设定的终止电位时,再反向回归至某一设定的起始电位,如图 21-1 所示。

循环伏安法电流-电位曲线一般如图 21-2 所示。

如开始扫描的起始电

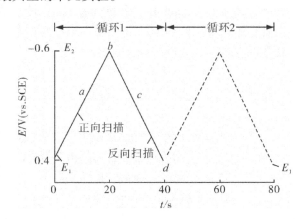

图 21-1 循环伏安法的典型激好信号
三角波电位,转换电位为 0.4 V 和 -0.6 V (vs·SCE)

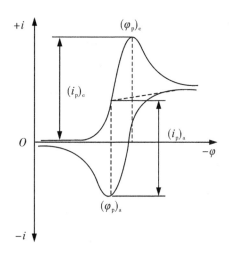

图21-2 循环伏安法电流-电位曲线

位 E_i 较负,当其随时间 t 正向线性变化,扫描速率为 v(V/s),则电极电位 E 的表达式为:

$$E = E_i - vt \tag{21-1}$$

对 $K_3Fe(CN)_6/K_4Fe(CN)_6$ 而言,当电极电位 E 由开始的 E_1 (如 0.4 V) 达到终止电压 E_2 (如 -0.6 V) 时,式 (21-1) 的电极反应从左向右进行,即发生还原反应,产生还原电流:

$$[Fe(CN)_6]^{3-} + e = [Fe(CN)_6]^{4-} \tag{21-2}$$

再反向从 E_2 回扫至起始电压 E_1 时,即发生氧化反应,产生氧化电流,上述反应的逆过程如式 (21-3) 所示:

$$[Fe(CN)_6]^{4-} - e = [Fe(CN)_6]^{3-} \tag{21-3}$$

写成一般形式,如一个氧化还原电对的氧化型为 O,还原型为 R,且电极反应满足可逆条件,则循环伏安法的一般反应形式为:

$$O + ne^- = R \tag{21-4}$$

铁氰化钾离子 $[Fe(CN)_6]^{3-}$ - 亚铁氰化钾离子 $[Fe(CN)_6]^{4-}$ 氧化还原电对的标准电极电位为:

$$[Fe(CN)_6]^{3-} + e^- = [Fe(CN)_6]^{4-} \quad \varphi^\theta = 0.36 \text{ V (vs. NHE)} \tag{21-5}$$

电极电位与电极表面活度的 Nernst 方程式为:

$$\varphi = \varphi^\theta + RT/nF \ln(C_{Ox}/C_{Red}) \tag{21-6}$$

由循环伏安图可确定氧化峰电流 i_{Pa}、还原峰电流 i_{Pc} 和氧化峰电位 E_{Pa}、还原

峰电位 E_{Pc} 值。25 ℃时，峰电流 i_P 可表示为：

$$i_P = 269 An^{3/2} D^{1/2} v^{1/2} C \qquad (21-7)$$

这里，i_P 的单位为安培（A），A 为工作电极面积（cm^2），D 为扩散系数（cm^2/s），v 为扫描速度（V/s），n 为电子转移数。可见峰电流与被测物质浓度 C 有正比关系，这是循环伏安法可以用来定量分析的基础。

对于可逆体系：

（1）氧化峰电流与还原峰峰电流比满足：

$$|i_{Pa}/i_{Pc}| = 1 \qquad (21-8)$$

（2）氧化峰电位与还原峰电位差 ΔE 满足：

$$\Delta E = E_{Pa} - E_{Pc} = 2.2RT/nF \approx 0.058/n \text{ (V)} \qquad (21-9)$$

$$E' = (E_{Pa} + E_{Pc})/2 \qquad (21-10)$$

由此判断电极反应的可逆性。

三、仪器与试剂

1. 仪器

电化学工作站（CHI660D）：工作电极（金盘、玻碳盘电极）、对电极（铂丝）和参比电极（甘汞电极）。见图21-3。

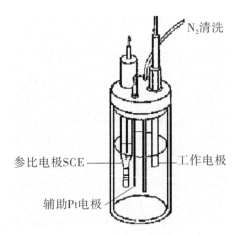

图21-3　电化学工作站

2. 试剂

2.0×10^{-2} mol/L $K_3[Fe(CN)_6]$ 标准溶液：称 1.6463 g $K_3[Fe(CN)_6]$ 固

体，溶于 250 mL 容量瓶中。

5.0 mol/L H_2SO_4：取 271.7 mL 浓 H_2SO_4 稀释至 1000 mL。

四、实验步骤

1. 指示电极的预处理

玻碳电极用 Al_2O_3 粉末（粒径 0.05 μm）将电极表面抛光，然后用蒸馏水清洗，用滤纸吸干水分。

2. 标准溶液系列的配制

分别取 1.0 mL、1.5 mL、2.0 mL、2.5 mL、3.0 mL 2.0×10^{-2} mol/L $K_3[Fe(CN)_6]$ 标准溶液于 25 mL 容量瓶中，再加入 5 mL 5.0 mol/L H_2SO_4，加水至刻度，摇匀，即得到 0.08 mol/L、0.12 mol/L、0.16 mol/L、0.20 mol/L、0.24 mol/L 的 $K_3[Fe(CN)_6]$ 溶液（均含支持电解质 H_2SO_4 浓度为 1.0 mol/L）。

3. 支持电解质的循环伏安图

在电解池中放入 1.0 mol/L H_2SO_4 溶液，插入电极，以新处理的玻碳电极为工作电极（绿色夹子），铂丝电极为辅助电极（红色夹子），饱和甘汞电极为参比电极（黄色夹子），进行循环伏安法设定，扫描速率为 20 mV/s；起始电位为 +0.4 V，终止电位为 -0.6 V；灵敏度（1.0e-0.04）。静置 1 min 后，开始循环伏安扫描，记录循环伏安图。

4. 不同浓度 $K_3[Fe(CN)_6]$ 溶液的循环伏安图

分别作 0.08 mL、0.12 mL、0.16 mL、0.20 mL、0.24 mol/L 的 $K_3[Fe(CN)_6]$ 溶液（均含支持电解质 H_2SO_4 浓度为 1.0 mol/L）的循环伏安图。每次扫描之前，必须将电极表面用蒸馏水清洗，用滤纸将水吸干。

5. 不同扫描速率下 $K_3[Fe(CN)_6]$ 溶液的循环伏安图

在 0.16 mol/L $K_3[Fe(CN)_6]$ 溶液中，以 10 mV/s、20 mV/s、40 mV/s、60 mV/s、80 mV/s、100 mV/s，在 +0.4～-0.6 V 电位范围内扫描，分别记录循环伏安图。

五、数据处理

（1）由 $K_3[Fe(CN)_6]$ 溶液的循环伏安图测定 i_{Pa}、i_{Pc} 和 E_{Pa}、E_{Pc} 值，见表 21-1。

表21-1　$K_3[Fe(CN)_6]$标准系列溶液相关参数

浓度/(mol·L^{-1})	0.08	0.12	0.16	0.20	0.24
i_{Pa}/(10^{-4}A)					
i_{Pc}/(10^{-4}A)					
E_{da}/V					
E_{Pc}/V					

(2) 分别以i_{Pa}和i_{Pc}对$K_3[Fe(CN)_6]$浓度作图，说明浓度与峰电流的关系。

(3) 分别以i_{Pa}和i_{Pc}对$v^{1/2}$作图，说明扫描速率对峰电流i_P的关系，见表21-2。

表21-2　不同扫描速率F的峰电流及电位值

扫描速度/(V·s^{-1})	0.01	0.02	0.04	0.06	0.08	0.10
$V^{1/2}$						
i_{Pa}/10^{-4}A						
i_{Pc}/10^{-4}A						
E_{Pa}/V						
E_{Pc}/V						

(4) 计算氧化峰电位与还原峰电位的差值ΔE_P及氧化峰电流与还原峰电流的比$|i_{Pa}/i_{Pc}|$，以此判断电极反应的可逆性，见表21-3。

表21-3　不同浓度$K_3[Fe(CN)_6]$溶液的相关参数

浓度/(mol·L^{-1})	0.08	0.12	0.16	0.20	0.24
i_{Pa}/10^{-4}A					
i_{Pc}/10^{-4}A					
i_{Pa}/i_{Pc}					
E_{Pa}/V					
E_{Pc}/V					
$E^{\theta'}$					
ΔE_P					

(5) 分析扫描速率对 ΔE_p 的影响。

六、注意事项

(1) 溶液中的溶解氧具有电活性，体系进行测试前应通入惰性气体 N_2 除去溶解氧。

(2) 实验前电极预处理非常重要，电极一定要处理干净，才能使实验中 $K_3[Fe(CN)_6]/K_4[Fe(CN)_6]$ 体系的峰电位差值接近其理论值 (56.5 mV)，否则误差较大。

(3) 为了使液相传质过程只受扩散控制，应在加入电解质和溶液处于静止下进行电解。

七、思考题

(1) 循环伏安法为什么要在静止溶液条件下完成扫描？
(2) 工作电极使用前为什么要处理干净且光滑？

实验二十二 扫描电子显微镜分析纳米氧化铜的形貌及尺寸

一、实验目的

(1) 了解扫描电镜的基本结构与原理。
(2) 掌握扫描电镜样品的准备与制备方法。
(3) 掌握扫描电镜的基本操作。

二、实验原理

扫描电子显微镜（简称"扫描电镜"）具有由三极电子枪发出的电子束经栅极静电聚焦后成为直径为 50 mm 的电光源。在 2～30 kV 的加速电压下，经过 2～3 个电磁透镜所组成的电子光学系统，电子束会聚成孔径角较小、束斑为 5～10 mm 的电子束，并在试样表面聚焦。末级透镜上边装有扫描线圈，在它的作用下，电子束在试样表面扫描。高能电子束与样品物质相互作用产生二次电子、背反射电子、X 射线等信号。这些信号分别被不同的接收器接收，经放大后用来调制荧光屏的亮度。由于经过扫描线圈上的电流与显像管相应偏转线圈上的电流同步，因此，试样表面任意点发射的信号与显像管荧光屏上相应的亮点一一对应。也就是说，电子束打到试样上一点时，在荧光屏上就有一亮点与之对应，其亮度与激发后的电子能量成正比。换言之，扫描电镜是采用逐点成像的图像分解法进行的。光点成像的顺序是从左上方开始到右下方，直到最后一行右下方的像元扫描完毕就算完成一帧图像。这种扫描方式叫作光栅扫描。

扫描电子显微镜由电子光学系统、信号收集及显示系统、真空系统及电源系统组成。

1. 真空系统和电源系统

真空系统主要包括真空泵和真空柱两部分。真空柱是一个密封的柱形容器。真空泵用来在真空柱内产生真空。有机械泵、油扩散泵以及涡轮分子泵三大类，机械泵加油扩散泵的组合可以满足配置钨枪的 SEM 的真空要求，但对于装置了场致发射枪或六硼化镧枪的 SEM，则需要机械泵加涡轮分子泵的组合。

成像系统和电子束系统均内置在真空柱中。真空柱底端用于放置样品。之所以要用真空，主要基于以下两点原因：电子束系统中的灯丝在普通大气中会迅速氧化而失效，所以除了在使用 SEM 时需要用真空以外，平时还需要以纯氮气或惰性气体充满整个真空柱；另外增大电子的平均自由程，可以使得用于成像的电子更多。

2. 电子光学系统

电子光学系统由电子枪、电磁透镜、扫描线圈和样品室等部件组成。其作用是用来获得扫描电子束，作为产生物理信号的激发源。为了获得较高的信号强度和图像分辨率，扫描电子束应具有较高的亮度和尽可能小的束斑直径。

（1）电子枪。其作用是利用阴极与阳极灯丝间的高压产生高能量的电子束。目前，大多数扫描电镜采用热阴极电子枪。其优点是灯丝价格较便宜，对真空度要求不高，缺点是钨丝热电子发射效率低，发射源直径较大，即使经过二级或三级聚光镜，在样品表面上的电子束斑直径也在 5～7 nm，因此仪器分辨率受到限制。现在，高等级扫描电镜采用六硼化镧（LaB_6）或场发射电子枪，使二次电子像的分辨率达到 2 nm，但这种电子枪要求很高的真空度。

（2）电磁透镜。其作用主要是把电子枪的束斑逐渐缩小，使原来直径约为 50 mm 的束斑缩小成一个只有数纳米的细小束斑。其工作原理与透射电镜中的电磁透镜相同。扫描电镜一般有 3 个聚光镜，前两个透镜是强透镜，用来缩小电子束光斑尺寸。第三个聚光镜是弱透镜，具有较长的焦距，在该透镜下方放置样品可避免磁场对二次电子轨迹的干扰。

（3）扫描线圈。其作用是提供入射电子束在样品表面上以及阴极射线管内电子束在荧光屏上的同步扫描信号。改变入射电子束在样品表面扫描振幅，可获得所需放大倍率的扫描像。扫描线圈是扫描点晶的一个重要组件，它一般放在最后两透镜之间，也有的放在末级透镜的空间内。

（4）样品室。样品室中主要部件是样品台。样品台除了能进行三维空间的移动，还能倾斜和转动，移动范围一般可达 40 mm，倾斜范围至少在 50°左右，转动 360°。样品室中还要安置各种型号的检测器。信号的收集效率和相应检测器的安放位置有很大关系。样品台还可以带有多种附件，例如样品在样品台上加热、冷却或拉伸，可进行动态观察。近年来，为适应断口实物等大零件的需要，还开发了可放置 $\phi 125$ mm 以上的大样品台。

3. 信号检测放大系统

其作用是检测样品在入射电子作用下产生的物理信号，然后经视频放大作为显像系统的调制信号。不同的物理信号需要不同类型的检测系统，检测器大致可分为三类：电子检测器、应急荧光检测器和 X 射线检测器。在扫描电子显微镜中最普遍使用的是电子检测器，它由闪烁体、光导管和光电倍增器所组成。

当信号电子进入闪烁体时将引起电离，当离子与自由电子复合时产生可见光。光子沿着没有吸收的光导管传送到光电倍增器进行放大并转变成电流信号输出，电流信号经视频放大器放大后就成为调制信号。这种检测系统的特点是在很宽的信号范围内具有正比于原始信号的输出，具有很宽的频带（10 Hz～1 MHz）和高的增益（105～106），而且噪音很小。由于镜筒中的电子束和显像管中的电子束是同步扫描，荧光屏上的亮度是根据样品上被激发出来的信号强度来调制的，而由检测器接收的信号强度随样品表面状况不同而变化，那么由信号监测系统输出的反应样品表面状态的调制信号在图像显示和记录系统中就转换成一幅与样品表面特征一致的放大的扫描像。

三、仪器与试剂

1. 仪器

Su8010 扫描电子显微镜、真空镀金机。

2. 试剂

纳米氧化铜。

四、实验步骤

1. 样品准备

（1）将导电胶粘到样品台上，用牙签尖头部分取少量粉末置于导电胶上，样品粘好后，用洗耳球用力吹扫。

（2）将准备好样品的样品台置于镀金机中，抽真空镀 Au 膜，持续 60 s 后取出样品台。

2. 进样

（1）样品杆扭到 Unlock；点击 "Air" 按钮。

（2）听到提示音后，打开交换仓。

（3）推出样品杆，装好样品台，将样品杆扭到 Lock，并拉回。

（4）将交换仓推上并用力将其顶住，同时按下"EVAC"按钮，等真空马达运作后松开。

（5）听到提示音后，点击"Open"。

（6）听到提示音后，推进样品杆，必须到 XC 灯亮。

（7）灯亮后，将样品杆扭到 Unlock，然后拉回。

（8）点击"Close"，听到提示音后方可进行电脑软件操作。

3．电镜软件操作

（1）开启"Display"电源，PC 登录后，启动 Windows 软件，并启动 PC–SEM 软件，口令为空。

（2）根据需要调整电压（通常电压 5 kV，电流 10 μA）。

（3）调整电压与电流后，点击软件"On"通电加压；待加压进度条结束后，可开始拍照。

拍照基本流程如下：

a. 在 TV 模式下进行图片的放大、聚焦等操作。

b. 低倍下找样品，找到样品后切换到高倍，并聚焦。

c. 聚焦后，再调整想要的放大倍数，然后再聚焦，消像散 A–Align。

d. 调整后，通过 Slow 3/4 观察照片，如果满足清晰度要求，点击"1280"保存照片。

4．卸样

（1）调低放大倍数，1000 倍以内，点击"Off"关掉电压。

（2）确认 Z 为 8.00 mm 后，必须点击"Home"键归位，观察按钮旁边的绿灯，待闪动停止。

（3）点击"Open"，听到提示音后，样品杆扭到 Unlock，并将其推进仓内。

（4）必须推到 XC 灯亮后，将样品杆扭到 Lock，然后拉回。

（5）点击"Close"，听到提示音后，点击"Air"按钮。

（6）听到提示音后，打开交换仓。

（7）推出样品杆，将样品杆扭到 Unlock，取下样品台，并拉回样品杆。

（8）将交换仓推上并用力将其顶住，同时按下"EVAC"按钮，等真空马达运作后松开。

五、数据记录和处理

根据拍摄的电镜照片，分析纳米氧化铜样品的形貌；根据电镜照片上的标尺，分析纳米氧化铜样品的尺寸大小。

六、注意事项

（1）备样时粉末样品的量不要太多，粉末要紧紧粘在导电胶上，否则有可能污染仪器。

（2）用电镜观察样品时，加速电压选择顺序一般是从小到大，即先用低加速电压再用高加速电压。

七、思考题

（1）有的电镜照片局部明显发黑，这是为什么？怎样解决这一问题？

（2）在 1 kV 和 20 kV 的加速电压下观察同一样品得到的结果有何不同？

（3）在使用电镜分析样品时，工作距离（WD）对其观察结果有何影响？

实验二十三　差示扫描量热法(DSC)

一、实验目的

(1) 学习差示扫描量热仪的操作规程和使用方法，了解差示扫描量热仪的构造。
(2) 加深理解差示扫描量热仪的原理和应用。
(3) 掌握差示扫描量热法的一般实验方法。
(4) 掌握差示扫描量热仪的使用，熟悉参数设定，并对数据采集、数据分析加深理解。

二、实验原理

1. 差示扫描量热仪（DSC）基本工作原理

DSC 仪器的工作原理如图 23-1 所示。图中第一个回路是平均温度控制回路，它保证试样和参比物能按程序控温速率进行。检测的试样和参比物的温度信号与程序控制提供的程序信号在平均温度放大器处相互比较，如果程序温度高于试样和参比物的平均温度，则由放大器提供更多的热功率给试样和参比物，以提高它们的平均温度，与程序温度相匹配，这就达到程序控温过程。第二个回路是补偿回路，检测试样和参比物产生温差时（试样产生放热或吸热反应），能及时由温差放大器输入功率以消除这一差别。

2. 差示扫描量热仪原理框图（图23-1）

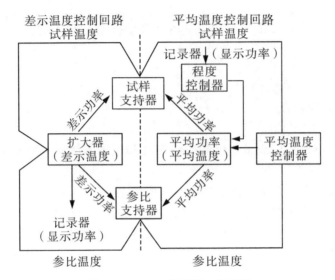

图23-1　DSC仪器的工作原理

三、试样的制备

（1）除气体外，固态液态或黏稠状样品都可以用于测定。

（2）装样的原则是尽可能使样品均匀、密实地分布在样品皿内，以提高传热效率，减少试样与皿之间的热阻。

（3）将较大样品剪或切成薄片或小粒，并尽量铺平。

（4）一般使用铝皿，分成盖与皿两部分，样品放在中间，用专用卷边压制器冲压而成。

（5）挥发性液体不能用普通试样皿，要采用耐压密封皿。

（6）聚合物样品一般使用铝皿，使用温度应低于500 ℃，否则铝会变形。

四、实验步骤

1. 样品测试

打开计算机操作软件，一般开机半小时后可以进行样品测试。

2. 气体

确认测量所使用的吹扫气情况。

（1）对于 DSC，通常使用 N_2 作为保护气与吹扫气，纯度要求 99.99%。

（2）气流量：保护气≥60 mL/min，吹扫气≥40 mL/min。

3. 制备样品

（1）先将空坩埚放在天平上称重，去皮（清零），随后将样品加入坩埚中，称取样品质量。质量值建议精确到 0.01 mg。

（2）加上坩埚盖（坩埚盖上通常扎一小孔），如果使用的是铝坩埚，需要放到压机上压一下，将坩埚与坩埚盖压在一起。

（3）将样品坩埚放在仪器中的样品位（右侧），同时在参比位（左侧）放一空坩埚作为参比。

4. 软件操作

打开测量软件，点击"文件"菜单下的"新建"，按要求逐步输入。如输入起始温度、升温速率、终止温度、恒温时间段。

5. 操作完成

操作完成后，1 小时后关计算机、关仪器。

五、注意事项

（1）温度范围：-70～600 ℃。

（2）设备作业要求：保持环境清洁、整齐，严禁受潮，保持干燥，切记不要振动操作台。

（3）设备安全要求：进入岗位前，必须经过相关培训。

（4）操作前认真检查设备是否安全可靠，尤其检查制冷机的工作状态。

（5）仪器工作压力不得超过 0.05 MPa。

六、思考题

（1）差示扫描量热仪的应用有哪些？

（2）样品量不同，对测试结果是否有影响？为什么？

（3）升温速率对测定结果有何影响？

实验二十四　热重分析（TG）

一、实验目的

（1）学习热重分析仪的操作规程和使用方法，了解热重分析仪的构造。
（2）加深理解热重分析仪的原理和应用。
（3）掌握热重分析法的一般实验方法。
（4）掌握热重分析仪的使用，熟悉参数设定，并对数据采集、数据分析加深理解。

二、实验原理

1. 热重分析仪（TG）基本工作原理

检测质量的变化最常用的办法就是用热天平，测量的原理有两种：变位法和零位法。所谓变位法，是根据天平梁倾斜度与质量变化成比例的关系，用差动变压器等检测倾斜度，并自动记录。零位法是采用差动变压器法、光学法测定天平梁的倾斜度，然后调整安装在天平系统和磁场中线圈的电流，使线圈转动恢复天平梁的倾斜，即所谓零位法。由于线圈转动所施加的力与质量变化成比例，这个力又与线圈中的电流成比例，因此只需测量并记录电流的变化，便可得到质量变化的曲线。热重分析是指在程序控制温度下测量待测样品的质量与温度（或时间）变化关系的一种热分析技术，用来研究材料的热稳定性和组分。

2. 热重分析仪框图（图 24-1）

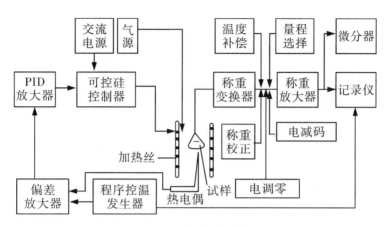

图 24-1 热重分析仪框图

三、试样的制备

（1）热重法测定时，试样量要少，一般 2～5 mg；试样量越多，传质阻力越大。

（2）粒度越细越好，尽可能将试样铺平；如粒度大，会使分解反应移向高温。

（3）试样皿的材质，要求耐高温，对试样、中间产物、最终产物和气氛都是惰性的，即不能有反应活性和催化活性。

四、实验步骤

（1）打开计算机操作软件，一般开机 2 小时后可以进行样品测试。

（2）气体：确认测量所使用的吹扫气情况。

a. 对于 TG，通常使用 N_2 作为保护气与吹扫气，纯度要求 99.99%。

b. 气流量：保护气≤10 mL/min；吹扫气≥20 mL/min。

（3）制备样品：

a. 坩埚为 Al_2O_3，含碱金属样品、硅酸盐不能进行测试。

b. 样品量为坩埚体积的 1/2，最好小于 1/3。

c. 待天平稳定后，轻轻放入坩埚（支架较脆）。

（4）软件操作：打开测量软件，点击"文件"菜单下的"新建"，按要求逐步输入。

（5）操作完成后，待样品温度降至 100 ℃以下时，先将支架升起方可打开炉盖，拿出坩埚，结束测量。

五、注意事项

（1）温度范围：室温至 1100 ℃。
（2）设备作业要求：保持环境清洁、整齐，严禁受潮，保持干燥，切记不要振动操作台。
（3）设备安全要求：操作人员进入岗位前，必须经过相关培训。
（4）仪器工作压力不得超过 0.05 MPa。
（5）水浴温度要高于室温 2～3 ℃。

六、思考题

（1）热重分析仪的应用有哪些？
（2）气氛不同，对测试结果是否有影响？为什么？
（3）升温速率对测试结果有何影响？

实验二十五 气相色谱-质谱(GC-MS)分离分析苯系物

一、实验目的

(1) 了解气相色谱-质谱联用仪的基本构造,熟悉工作站的使用。
(2) 了解运用 GC-MS 仪分析简单样品的基本过程。

二、实验原理

气相色谱法是利用不同物质在固定相和流动相中的分配系数不同,不同化合物从色谱柱流出的时间不同,从而达到分离化合物的目的。质谱法是利用带电粒子在磁场或电场中的运动规律,按其质荷比（m/z）实现分离分析,测定离子质量及强度分布。它可以给出化合物的分子量、元素组成、分子式和分子结构信息,具有定性专属性、灵敏度高、检测快速等特点。

气相色谱-质谱联用仪兼具色谱的高分离能力和质谱的强定性能力,可以把气相色谱理解为质谱的进样系统,把质谱理解为气相色谱的检测器。气相色谱-质谱联用仪的基本构成见图 25-1。

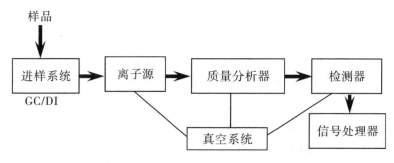

图 25-1 气相色谱-质谱联用仪的基本构成

本实验中待分析样品为苯系物,各组成物质的沸点见表 25-1。混合样品经 GC 分离成一个个单一组分,并进入离子源,在离子源样品分子被电离成离子,离子经过质量分析器之后即按 m/z 顺序排列成谱。经检测器检测后得到质谱,计算机采集并储存质谱,经过适当处理可得到样品的色谱图、质谱图等。

表 25-1 甲醇和苯系物沸点

物 质	甲醇	苯	甲苯	二甲苯
沸点/℃	64.8	80	110.8	144

三、仪器和试剂

1. 仪器

(1) Agilent 6890-5973N、GC-MS 仪(安捷伦科技有限公司)。
(2) HP-5 MS 色谱柱。
(3) 0～5 mL 移液器(Transferpette,德国 BRAND 公司)。
(4) 0.45 μm 的有机相微孔膜过滤器。

2. 试剂

苯、甲苯、二甲苯(分析纯)、甲醇(色谱纯)。

四、实验步骤

(1) 分别用移液器取 1 mL 苯、甲苯、二甲苯混合后,用甲醇稀释 1000 倍后待用。

(2) 用移液器取 2 mL 稀释液,使用 0.45 μm 的有机相微孔膜过滤器后,转移至标准样品瓶中待测。

(3) 设定好 GC-MS 操作参数后,可进样分析。

(4) 设置样品信息及数据文件保存路径后,按下"Start Run"键,待 Pre-run 结束,系统提示可以进样时,使用 10 μL 进样针准确吸取 1 μL 样品溶液(不能有气泡)。将进样针插入进样口底部,快速推出溶液并迅速拔出进样针,然后按下色谱仪操作面板上的"Start"按钮,分析开始。

五、色谱条件

(1) 进样口温度:250 ℃。

(2) 质谱离子源温度：230 ℃。

(3) 色质传输线温度：250 ℃。

(4) 质谱四极杆温度：150 ℃。

(5) 柱温：60 ℃（2 min）$\xrightarrow{20\ ℃/min}$ 100 ℃ $\xrightarrow{5\ ℃/min}$ 120 ℃（3 min）。

(6) 载气流速：0.5 mL/min。

(7) 进样量：1 μL。

(8) 分流比：20∶1。

(9) 溶剂延迟：2 min。

六、数据处理

(1) 对得到的总离子流色谱图，在不同保留时间处双击鼠标右键得到相应的质谱图。

(2) 在质谱图中，双击鼠标右键，得到相应的匹配物质，根据匹配度可对各峰定性。

(3) 列出所有的峰，并结合其他知识确定各峰所对应的具体物质名称。

(4) 绘制样品的总离子流色谱图，给出色谱峰定性结果（含质谱检索结果、物质名称、保留时间）。

七、注意事项

(1) 清洗容量瓶、标准样品瓶时不要使用清洁剂。

(2) 如果是一天的第一个样，请先将仪器跑一个空针。

(3) 待测样一定要经过微孔过滤膜过滤。

(4) 进样时不能有气泡。

(5) 进样时要快，不要让进样针在进样口里停留太久。

八、思考题

(1) GC-MS 仪是如何得到总离子流色谱的？除此之外，使用 GC-MS，我们还能获得哪几种色谱图？它们各有什么特点？

(2) 绘制某一保留时间处苯、甲苯的质谱图，分析它们主要产生了哪些离子峰。查阅质谱电离过程中分子碎裂的机理，写出苯、甲苯可能的分子碎裂过程。

(3) 解释溶剂延迟（solvent delay）、分流比等概念。

(4) 气相色谱适用于分析哪些样品？请举例说明。

实验二十六　GC-MS 定性分析烃类化合物

一、实验目的

（1）了解气-质谱联用仪的基本工作原理。
（2）了解气-质谱联用仪的基本构造及基本操作。
（3）掌握气相色谱仪基本定性参数及质谱谱图解析。

二、实验原理

本实验用气相色谱-质谱联用仪（简称"气—质谱联用仪"）定性分析烃类化合物。气相色谱法是基于混合物中各组分在两相中的保留时间存在差异的原理来进行分离和测定的。其中不动的一相称为固定相，另一相是推动混合物流过固定相的气体，称为流动相。当流动相携带混合物经过固定相时，与固定相发生相互作用。由于各组分的结构性质（如溶解度、极性、蒸气压、吸附能力）不同，这种相互作用便有强弱差异（组分不同，分配系数不同）。因此，在同一推动力作用下，不同组分在固定相中的滞留时间有长有短，从而使混合物中各组分按先后顺序从装有固定相的色谱柱中流出，样品通过接口进入到质谱仪，每一组分受到离子源轰击，形成特征离子碎片，进而进入质量分析器内，将电离室中生成的离子按质荷比（m/z）大小分开，进行质谱检测，即可获得被测样品的总离子流图，图谱解析后即可确定样品中各组分。

三、仪器与试剂

1. 仪器

气相色谱-质谱联用仪 GC-MS-QP2010 Plus、Rtx-5MS 毛细管柱（30 mm×0.25 mm×0.25 μm）、自动进样器 AOC-20i、真空泵。

2. 试剂

高纯 He、色谱纯正己烷溶剂、烃类标准品（500 mg/L）。

四、实验步骤

（1）烃类化合物储备液的配制：从标准品中取 200 μL 至 10 mL 比色管中，用正己烷稀释至 10 mL，即为 5 mg/L 的烃类储备液。

（2）打开电脑中 GC-MS Analysis Editor 软件，设定本次实验所用的方法：

a. 进样器参数。进样前溶剂冲洗次数：2 次；进样后溶剂冲洗次数：1 次；样品冲洗次数：2 次。

b. GC 条件。柱箱温度：90 ℃；进样口温度：320 ℃，采用不分流方式；程序升温：初始温度 90 ℃，以 20 ℃/min 升温到 105 ℃，保持 3 min，以 11 ℃/min 升温到 240 ℃，再以 5 ℃/min 升温到 310 ℃，保持 2 min；流量控制方式：线速度 46.3 cm/s。

c. MS 条件。离子源温度：200 ℃；接口温度：250 ℃；溶剂延迟时间：2.7 min；采集方式：Scan；扫描范围：25～550 amu。

方法设定好之后保存在相应文件夹里。

（3）将储备液中烃标准溶液（5 mg/L）移取 1 mL 于样品瓶中，置于自动进样器中。

（4）打开吹扫捕集（O·I Analytical Eclipse）。

（5）打开 GC-MS Time Analysis 软件，从方法文件中调出所设定的本实验的方法，点击"待机"按钮，当 GC-MS 均显示准备就绪时，即可点击"开始"按钮。

（6）待 GC-MS 均运行完毕后，打开电脑 GC-MS Postrun Analysis 软件，从相应文件夹中打开本次实验的数据文件，进行数据定性处理。

（7）关闭相关软件。

五、注意事项

（1）在进样之前，要确保样品中不含水。

（2）设置 GC 和 MS 的参数时，要注意 GC 的运行时间要稍长于 MS 的运行时间，否则采集时间过短，实验无法进行。

六、思考题

(1) GC-MS 可以对同分异构体进行定性分析吗？

(2) 若 MS 真空度不好，会对结果造成什么影响？

实验二十七 液相色谱－质谱联用技术（LC-MS）的各种模式探索

一、实验目的

(1) 了解 LC-MS 的主要构造和基本原理。
(2) 学习 LC-MS 的基本操作方法。
(3) 掌握 LC-MS 的 6 种操作模式的特点及应用。

二、实验原理

(一) 液质基本原理及模式介绍

液相色谱－质谱法（liquid chromatography/mass spectrometry，LC-MS）将应用范围极广的分离方法—液相色谱法与灵敏、专属、能提供分子量和结构信息的质谱法结合起来，必然成为一种重要的现代分离分析技术。

但是，LC 是液相分离技术，而 MS 是在真空条件下工作的方法，因而难以相互匹配。LC-MS 经过了约 30 年的发展，直至采用了大气压离子化技术（atmospheric pressure ionization，API）之后，才发展成为可常规应用的重要分离分析方法。现在，在生物、医药、化工、农业和环境等各个领域中均得到了广泛的应用，在组合化学、蛋白质组学和代谢组学的研究工作中，LC-MS 已经成为最重要的研究方法之一。

质谱仪作为整套仪器中最重要的部分，其常规分析模式有全扫描模式（scan）、选择离子监测模式（SIM）。

1. 全扫描模式方式（scan）

最常用的扫描方式之一，扫描的质量范围覆盖被测化合物的分子离子和碎片离子的质量，得到的是化合物的全谱，可以用来进行谱库检索，一般用于未知化合物的定性分析。实例：（Q1 = $100-259 m/z$）

2. 选择离子监测模式（selective ion monitoring，SIM）

不是连续地扫描某一质量范围，而是跳跃式地扫描某几个选定的质量，得到的不是化合物的全谱。主要用于目标化合物检测和复杂混合物中杂质的定量分析。

本实验采用三重四极杆质谱仪（Q1：质量分析器；Q2：碰撞活化室；Q3：质量分析器），由于多了 Q2、Q3 的存在，在分析测试的模式上又多了 4 种选择：

3. 子离子扫描模式（product scan）

第一个质量分析器固定扫描电压，选择某一质量离子（母离子）进入碰撞室，发生碰撞解离产生碎片离子，第二个质量分析器进行全扫描，得到的所有碎片离子都是由选定的母离子产生的子离子，没有其他的干扰。主要用于化合物结构分析。实例：（Q1 = 259 m/z；Q3 = 100~259 m/z）

4. 母离子扫描模式（precursor scan）

第一个质量分析器扫描电压选择母离子（如分子离子），进入碰撞室碰裂后，第二个质量分析器固定扫描电压，只选择某一特征离子质量，该特征离子是由所选择的母离子产生的，由此得到所有能产生该子离子的母离子谱。主要用于同系物的分析。实例：（Q1 = 100~300 m/z；Q3 = 259 m/z）

5. 中性丢失扫描模式（neutral loss）

第一个质量分析器扫描所有离子，所有离子进入碰撞室碎裂后，第二个质量分析器以与第一个质量分析器相差固定质量联动扫描，检测丢失该固定质量中性碎片（如质量数 15、18、45）的离子对，得到中性碎片谱。主要用于中性碎片的分析。实例：（Q1 = 100~300 m/z；Q3 = 82~282 m/z）

6. 多反应监测模式（MRM）

第一个质量分析器选择一个（或多个）特征离子，经过碰撞解离，到达第二个质量分析器再进行选择离子检测，只有符合特定条件的离子才能被检测到，因为是两次选择，比单四极质量分析器的 SIM 方式选择性、排除干扰能力、专属性更强，信噪比更高。主要用于定量分析。实例：（Q1 = 259 m/z；Q3 = 138 m/z）

（二）实验内容简介

邻苯二甲酸酯（简称 PAEs）是一类重要的环境内分泌干扰物，常被用作塑料的增塑剂，也可用作农药载体。近年来，随着工业生产和塑料制品的广泛使用，邻苯二甲酸酯不断进入环境，普遍存在于土壤、底泥、大气、水体和生物体等环境样品中，成为环境中无所不在的污染物。据报道，邻苯二甲酸酯类具有较弱的环境雌激素成分，具有影响生物体内分泌和导致癌细胞增殖的作用。环境内分泌干扰物是指能改变机体内分泌功能，并对机体、后代或（亚）种群产生有害效应的环境物质。由于环境内分泌干扰物对人和动物有种种不良影响，对环境内分泌干扰物的研究已成为国际关注的焦点。

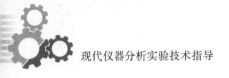

我国也逐渐重视有关环境内分泌干扰物的研究。

三、仪器与试剂

1. 仪器

(1) 液相系统：Varian Pro Star。

(2) 自动进样器：Varian 410 自动进样器。

(3) 质谱仪：Varian 310 LC-MS/MS 三重四极杆质谱仪（ESI 离子源）。

(4) 色谱柱：Varian Inertsil 3 ODS-3（150 mm×2 mm×3 μm）。

2. 试剂

(1) 甲醇：HPLC 色谱纯。

(2) 超纯水：Millipore Express 超纯水系统制备。

(3) 标准溶液：用甲醇配制邻苯二甲酸二甲酯（DMP）、邻苯二甲酸二乙酯（DEP）、邻苯二甲酸二丁酯（DBP）混合标准溶液（0.1 mg/L）。

四、实验步骤

1. 条件设置

(1) 色谱条件：流动相（90% 甲醇 + 10% 水），流速（0.2 mL/min），扫描时间（7 min）。

(2) 离子源模式：电喷雾电离（ESI）、正离子模式。

(3) 扫描条件：Detector：1000 V；Needle：5000 V；Shield：600 V；Spray Chamber Temperature：50 ℃；Nebulizing Gas Pressure：55 psi；Drying Gas Pressure：18 psi，Drying Gas Temperature：250 ℃，Capilary Voltage 30 (V)，Coll. Energy 30 (V)。

(4) 质量分析器：三重四极杆。

(5) 进样体积：10 μL。

2. 实验测定

(1) 按实验操作规程完成仪器开机、参数设置及测定。

(2) 根据表 27-1 中的数据，设置 m/z，选择各种扫描模式（全扫描、选择离子扫描、子离子扫描、母离子扫描、多反应监测模式）进行测定。

表 27-1 待测物质的母离子和主要子离子

	DMP	DEP	DBP
母离子（m/z）	195.1	223.1	279.1
子离子（m/z）	163.1	149.1	149.1

五、思考题

（1）各扫描模式中 m/z 分别如何设定？

（2）比较各模式的测定结果，讨论各模式在测定中的作用。

（3）结合 HPLC 等其他色谱分析技术及实验，讨论 LC-MS 的优势。

（4）若作为开放实验，你认为本实验方法还有哪些方面可以补充或提高的？请提出开放实验方案。

实验二十八　X 射线衍射（XRD）实验

一、实验目的

（1）了解 X 射线衍射的工作原理和仪器结构。
（2）掌握 X 射线衍射仪的操作步骤和注意事项。

二、实验原理

X 射线是一种波长很短（$\lambda = 0.001 \text{ nm} \sim 10 \text{ nm}$）的电磁波，能穿透一定厚度的物质，并能使荧光物质发光、照相乳胶感光、气体电离。在用电子束轰击金属"靶"产生的 X 射线中，包含与靶中各种元素对应的具有特定波长的 X 射线，称为特征（或标识）X 射线。

X 射线在晶体中产生的衍射现象，是由于晶体中各个原子中电子对 X 射线产生相干散射和相互干涉叠加或抵消而得到的结果。晶体可被用作 X 光的光栅，这些很大数目的粒子（原子、离子或分子）所产生的相干散射将会发生光的干涉作用，从而使得散射的 X 射线的强度增强或减弱。由于大量粒子散射波的叠加，互相干涉而产生最大强度的光束称为 X 射线的衍射线。

当一束单色 X 射线入射到晶体时，由于晶体是由原子规则排列成的晶胞组成，这些规则排列的原子间距离与入射 X 射线波长有相同数量级，故由不同原子散射的 X 射线相互干涉，在某些特殊方向上产生强 X 射线衍射，衍射线在空间分布的方位和强度，与晶体结构密切相关。这就是 X 射线衍射的基本原理。见图 28-1。

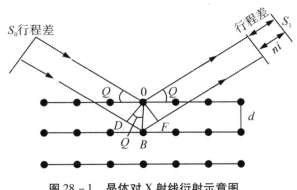

图 28-1　晶体对 X 射线衍射示意图

衍射线空间方位与晶体结构的关系可用布拉格方程表示：
$$2d\sin\theta = n\lambda$$

式中，d——晶体的晶面间距；

$\quad\theta$——X 射线的衍射角；

$\quad\lambda$——X 射线的波长；

$\quad n$——衍射级数。

应用已知波长的 X 射线来测量 θ 角，从而计算出晶面间距 d，这个是 X 射线用于结构分析；另一个应用是已知 d 的晶体来测量 θ 角，从而计算出特征 X 射线的波长，进而可在已有资料查出试样中所含的元素。

三、实验仪器

（1）仪器名称：D8 FOCUS 粉末衍射仪。

（2）仪器厂家：德国 Bruker 公司。

（3）仪器照片（图 28 - 2）。

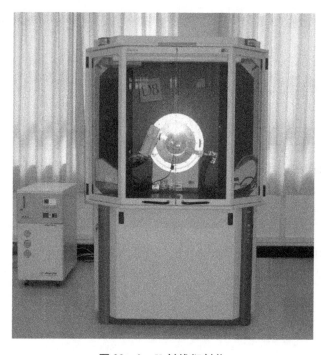

图 28 - 2　X 射线衍射仪

（4）X 射线靶枪材质：铜（$\lambda = 0.15406$ nm）。

四、实验步骤

（1）开机：打开电脑→开启低压开关→开冷却水（两个开关，先开侧面开关再开正面开关）→开启高压开关（左扳 45°，顶灯亮后马上松开）→打开软件"D8 Tool→Online States"→点击"Online Refresh ON/OFF"。

（2）测试：打开 diffracplus measurement→XRD commander 程序→升压（如果经常使用，可直接将电压设置为 40 kV，电流设置为 40 mA；如仪器长时间没使用，可 5 kV、5 mA、1 L），输入测试条件（一般为 10°～70°、scan speed 为 0.1 或 0.2 s/step、increment 为 0.02 或 0.04）；扫描方式设为固定耦合方式（continued locked coupled）→按"Open Door"开门→开门换样→关门→点击"start"开始测试；测试完毕点击"Stop"→存盘。

（3）关机：将所有使用的程序全部退出→关闭高压开关（右扳 45°）→等 10 min 后关冷却水（先关面板上的开关，再关侧面的开关）→关低压开关（红色⊙）。

（4）上传数据：实验完毕，上传数据至当天文件夹内，严禁使用 U 盘拷贝数据。

五、实验材料预处理

（1）研磨：用研钵将颗粒状固体研磨呈粉末状。

（2）装样：将粉末状样品倒入干净的样品盘中心处，然后用干净的玻璃片压盖，使样品表面平整。

六、实验结果与分析

（1）XRD 谱图：运用 Origin 8 软件作图（图 28 - 3）。

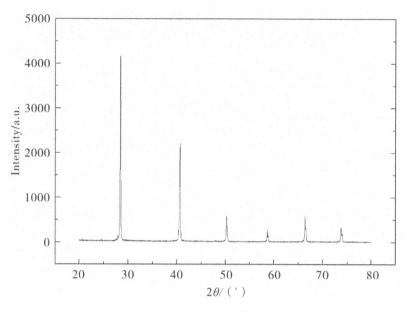

图 28-3　XRD 谱图

（2）分析：运用 Jade 5.0 软件分析。

a. 物相分析，见图 28-4。

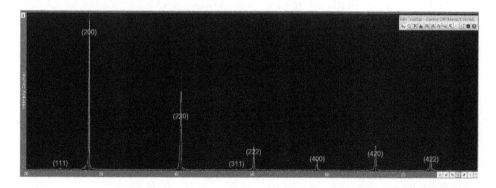

图 28-4　物相分析

b. 图谱数据，见图 28-5。

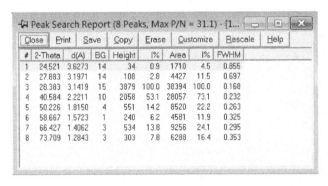

图 28-5　图谱数据

(3) 实验结果：实验所测样品为氯化钾（KCl）晶体，所得 XRD 图谱与 PDF 卡片库内的结果基本一致。

七、注意事项

(1) 在打开 X 射线高压开关前，一定要检查循环水是否正常工作。因为高压下电子轰击靶枪时，除了少部分能量以 X 射线的形式放出外，其余能量转化为热量，需要冷却水吸收。如冷却水循环没有正常工作，对设备会造成严重损坏。

(2) 打开 XRD 衍射仪护罩门时，必须先按"Open Door"开门，禁止强制拉开护罩门。

(3) 关闭 XRD 衍射仪护罩门时，一定要轻轻推一下护罩门，听到"咯噔"的声音确保门关上，这样仪器才能开始正常测试。

(4) 对于颗粒较大的样品，一定要充分研磨，这样才有利于测量分析。同时，换样时一定要轻，不要将样品撒到样品台；而且样品盘在接触样品台时切勿发生碰撞而导致部分样品弹出，这样有可能会导致样品表面不平，对测量角度有影响。

(5) 在测量一般角度范围（10°～70°）时，一般选择 1.0 mm 的狭缝；如果测量小角度范围（0.5°～10°），选择 0.1 mm 的狭缝。

八、思考题

(1) 实验中如何防止 X 射线的辐射？
(2) 实验中如何制备样品？检测时如何充填试样？

实验二十九 X-射线粉末衍射-多晶体物相分析

一、实验目的

（1）加深理解多晶体的物相分析。
（2）了解旋转阳极 X 射线衍射仪的操作技术。

二、实验原理

X 射线物相分析是以 X 射线衍射效应为基础的。任何一种晶体物质都具有其特定的晶体结构和晶格参数。在给定波长 X 射线的照射下，按照布拉格定律（$2d\sin\theta = n\lambda$）进行衍射。根据衍射曲线可以计算出晶体物质的特征衍射数据——晶面距离（d）和衍射线的相对强度（I）。通常用比较待测晶体物质与已知晶体物质的衍射数据（d，I），对未知晶体进行分析，得出定性分析的结果。国际上用的晶体物质衍射标准数据是由美国物质测定协会制定的 ASTM（American standard test method）。

三、仪器与试剂

旋转阳极 X 射线衍射仪、多晶体试样。

四、实验步骤

1. 设置实验条件
（1）CuK_α 线。
（2）管压为 40 kV。
（3）管流为 40 mA。
（4）发散狭缝（D_s）加防散射狭缝（S_s）宽度为 10 mm。
（5）接受狭缝（R_s）宽度为 0.15 mm。

(6) 滤光片（镍片可滤去 CuK_β 线，得到 CuK_α 单色光，K 为谱线）。

(7) 扫描范围为（2θ）20°～120°。

(8) 扫描速率为 1°～8°/min。

(9) 计数率为 1～10 kV/s。

2. 试样处理

试样用玛瑙研磨钵研磨至 1～10 μm（325 目筛）。将磨好的试样压入平板样品框中，尽可能薄，用力不得过猛，以免引起择优取向，试样的表面于平板样品框架的表面要严格重合（误差小于 0.1 mm）。

3. 试样测试

将试样垂直插入样品台，在上述实验条件下，使记录仪处于准备状态中，关好衍射仪的防护玻璃罩，启动 X 射线衍射仪自动扫描，同时记录衍射曲线。

五、结果处理

(1) 从衍射曲线中选出 $2\theta<90°$ 的 3 条强衍射线和 5 条次强衍射线。用布拉格方程分别计算对应的晶面间距（d），并以最强的衍射强度为 100，求出各衍射线的相对强度。

(2) 利用 ASTM 索引卡片找出晶体物质的化学式、名称及卡片的编号。

(3) 复相分析的 X 射线曲线是试样中各种衍射曲线叠加的结果。各种衍射曲线不因其他相的存在而发生变化，当不同相的衍射线重合时，其强度是简单的相加。因此，复相分析的步骤为：①在总衍射曲线中找出某一相的各条衍射曲线；②在余下的衍射线中再找另一相的各条衍射线。依此类推，直至将全部衍射线均列入各相。

按表 29-1 列入相关数据。

表 29-1 物相分析数据记录

$2\theta<90°$ 的 3 条强线	5 条次强线	化学式	卡片号

六、思考题

（1）试比较 X 射线荧光光谱法与 X 射线衍射光谱法异同之处。
（2）阐明物相分析的应用范围，并举例说明。

实验三十　电感耦合等离子-质谱(ICP-MS)测海链藻对微量金属元素的吸附量

一、实验目的

（1）了解 ICP-MS 的基本原理。
（2）掌握 ICP-MS 仪的结构及使用方法。

二、实验原理

ICP-MS 全称电感耦合等离子体质谱（inductively coupled plasma mass ectrometry），可分析几乎地球上所有元素（Li-U）。

ICP-MS 技术是 20 世纪 80 年代发展起来的新的分析测试技术。它以将 ICP 的高温（8000 K）电离特性与四极杆质谱计的灵敏快速扫描的优点相结合而形成一种新型的最强有力的元素分析、同位素分析和形态分析技术。

该技术提供了极低的检出限、极宽的动态线性范围，谱线简单，干扰少，分析精密度高，分析速度快以及可提供同位素信息等分析特性。

自 1984 年第一台商品仪器问世以来，这项技术已从最初在地质科学研究的应用迅速发展到广泛应用于环境保护、半导体、生物、医学、冶金、石油、核材料分析等领域。

ICP-MS 由等离子体发生器、雾化室、炬管、四极质谱仪和一个快速通道电子倍增管（称为"离子探测器或收集器"）组成。其工作原理是：雾化器将溶液样品送入等离子体光源，在高温下汽化，解离出离子化气体，通过镍取样锥收集的离子，在低真空压力下形成分子束，再通过截取板进入四极质谱分析器，经滤质器质量分离后，到达离子探测器，根据探测器的计数与浓度的比例关系，可测出元素的含量或同位素比值。

三、仪器与试剂

1. 仪器

Agilent 7500 Series 电感耦合等离子体质谱仪（美国安捷伦公司）、MK-III 型光纤压力自控密闭微波消解系统（上海新科微波溶样测试技术研究所）、DHG-9070A 型电热恒温鼓风干燥箱（上海精宏实验设备有限公司）、Milli-Q 型净水器（美国，Millipore 公司）、DTG160 型分析天平（上海天平仪器厂）、玛瑙研钵。

2. 试剂

浓硝酸、H_2O_2（30%）、硝酸钾配制磷标准储备液（10 μmol/mL）、磷酸二氢钾配制氮标准储备液（2 μmol/mL）、氯化铵溶液（4.67 mol/L）。以上试剂均为分析纯。

四、样品预处理及制备

1. 海水及藻预处理

威氏海链藻，购买于厦门大学海洋环境科学学院；海水取自东海外海。

将 0.2 μm 滤膜用 1 mol/L 盐酸溶液浸泡 6 h，用亚沸水多次清洗，直到清洗液的 pH = 7 为止。用处理过的滤膜抽滤海水，以除去海水中的微生物（包括细菌）和颗粒物，煮沸供以下实验使用。

在预处理的海水中添加无菌 f/2 培养基，光照强度为 5000 lx，光暗比为 12 h:12 h，温度为（20 ± 1）℃，pH 为 8.0 ± 0.1，盐度为 30.01 ± 1.0‰。P 浓度为 1.0 μmol/L，N 浓度分别为 8.0 μmol/L、16.0 μmol/L、32.0 μmol/L、64.0 μmol/L，即 $n(N):n(P)$ = 8:1, 16:1, 32:1, 64:1。间隔 24 h 监测培养液中氮、磷浓度，适时补充，保持氮、磷浓度及其比值不变。

2. 藻液消解液制备

将 600 mL 藻液进行过滤，均用 20 mL 1 mmol/L EDTA（pH = 7.0）清洗 3 次，以去除藻细胞表面吸附的微量金属，收集洗脱液及藻体，分别取 5 mL 洗脱液置于消解罐中，然后往每罐中分别加入 2.0 mL 浓硝酸和 1.0 mL 过氧化氢，置 15 atm（1 atm = 101325 Pa）压力下微波消解 10 min，取出冷却，最后将其定容至 10 mL，用于样品中微量元素吸附量的测定。

五、实验步骤

1. 开机

（1）开 PC 显示器、主机、打印机、ICP-MS 7500 电源开关。

（2）双击桌面的"ICP-MS Top"进入工作站，从 Instrument 菜单中选择"Instrument Control"进入仪器控制画面，从 Vacuum 菜单中选择"Vacuum On"，抽真空。仪器由 Shut Down 状态向 Stand By 状态转换。

（3）仪器状态转换为 Stand By 状态后。开氩气（0.7 MPa）、循环水、排风。卡上蠕动泵管，样品管必须放入 DIW（去离子水）中，若连有内标管，亦放入 DIW 中。

从 Instrument Control 界面选择 Plasma 菜单中的 Plasma On 仪器由 Stand By 状态向 Analysis 状态转换。

2. 调谐

点火后，30 min 预热仪器，点击"ICP-MS Top"画面的调谐图标进入调谐画面。

调谐过程中，样品管放入 1 mg/L 调谐液中，内标管亦放入 DIW 中。点击"调谐灵敏度"图标，进入灵敏度调谐画面。

调谐参数：采用同心雾化器（Concentric Neb 或 Micro MIST Neb）的系统典型参数如下。

（1）等离子功率：1500 W。

（2）载气流量：0.9 L/min（0.6～1.0 L/min）。

（3）补偿气流量：0.25 L/min（0.3～1.0 L/min）。

（4）进样深度：8 mm（7～10 mm）。

（5）蠕动泵速：0.1 r/s（0.1～0.2 r/s）。

（6）预混室温度：2 ℃。

3. 试剂准备及方法建立

（1）试剂准备。

1% HNO_3：取 1 g 浓硝酸稀释至 100 g。

5% HNO_3：取 5 g 浓硝酸稀释至 100 g。

标准溶液：取 1 g 标准（ICP-MS 多元素混合标准溶液 2A）溶液（浓度 10 μg/mL）稀释至 100 mL。

（2）方法建立。

a. 在"ICP-MS Top"画面，从"Methods"菜单中选择"Edit Entire

method",进入"Edit Method"窗口,选中除 Data Analysis 外选项,点击"Ok"按钮,在"Acquisition Mode"画面,选中"Spectrum"选项,点击"Ok"按钮。在"Peak Pattern"窗口,选中"Full Quant(3)",然后点击"Periodic Table"进入下一画面。

b. 点击"Clear All"按钮,再选中要分析的元素及 ISTD 元素,如:Na、Mg、K、Ca、Fe、V、Cr、As、Cu、Ni、Zn、Hg、Pb、Cd 等及内标元素 ISTD Sc、Ge、In、Bi。点击"Ok"按钮,进入下一画面。

c. 输入方法名,如"Test",点击"Ok"按钮,进入下一画面。

d. 点击"Yes",方法设定完毕。

4. 采集数据

(1) 将内标 ISTD 管放入 1 mg/L ISTD 溶液中,样品管放入1% HNO_3 溶液中。在"Tuning"窗口检查 ISTD 元素(Ge、In、Bi etc)RSD% 应小于5%。

(2) 在"ICP-MS Top"画面,点击"Acquire Data"菜单,选中"Main Panel",进入下一画面。

(3) 点击"Aquire Data"菜单,选中"Aquire Data"选项,进入下一画面。

(4) 将样品管放入空白,如 1% HNO_3 或 DIW,输入文件名,BLK.d,点击"Acquire",进入下一画面。

(5) 当采集完成后,点击"Tabulate/Mass",检查 ISTD 元素(Ge、Sc、In、Bi)RS 小于5%。

(6) 重复(4)、(5) 步采集完其他 ISTD 和样品。

5. 全定量数据分析

(1) 建立工作曲线。

a. 点击"DataAnalysis"菜单,选择"Main Panel..."进入分析画面。点击"Calibrate"菜单,选择"Edit Calibration Setting..."进入设定画面。

b. 选中"New..."进入下一画面。然后选中"External Calibration""Load Masses from Current Acq. Params",点击"Ok"按钮,选择"Yes"进入下一画面。

c. 右键点击所有带括号的元素,如 77(As), 206(Pb),点击"Delete Elements"。

d. 点击"Configure Analyte/ISTD..."按钮,进入下一画面,将内标元素加到右边区域,点击"Ok"按钮。

e. 选择曲线:$Y = aX + b$,选择浓度单位,输入浓度 Level 1、Level 2、

Level 3、Level 4、Level 5 分别为 0，1，2，5，10。

f. 点击"Standard File"按钮，点击"Clear"按钮，依次选中 std0—std4 数据。点击"Level 1"，选中 STD0.d（STD blank），路径为 C：\ICPCHEM\DATA\ 。依次点击 Level 2～5，选中 STD1.d—STD4.D，路径为 C：\ICPCHEM\DATA\ 。点击"Ok"按钮，进入下一画面。

g. 点击"Graph Detail"菜单，察看每一元素的曲线，r 值应好于 0.999。点击"Ok"按钮。

（2）样品数据分析。

a. 在"Data Analysis"窗口，点击"File"菜单，点击"Load"。

b. 选中要分析的数据文件。

c. 在"Data Analysis"窗口，选中"FullQuant"菜单，选中"Generate Report"。

d. 打印出报告。

6. 关机

（1）点击"ICP-MS Top"画面的调谐图标，进入下图调谐画面，点击灵敏度调谐图标，进入灵敏度调谐画面。先用 5% HNO_3 冲洗系统 15 min，再用 DIW 冲洗系统 15 min。

（2）点击"ICP-MS Top"画面的"ICP-MS Instrument Control"图标，进入下图所示的仪器控制画面，点击"灭火"图标，仪器将关火，仪器由 Analysis 向 Stand By 转换。

（3）待转换为 Stand By 状态后，点击"ICP-MS Top"画面的"ICP-MS Instrument Control"图标。点击"Vacuum"菜单，选择"Vacuum Off"进行放真空程序，仪器由"Stand By"向"Shut Down"转换。

（4）待转换为 Shut Down 状态后。

（5）关氩气、循环水、排风。

（6）退出工作站，关 PC、显示器、打印机。

（7）关 7500 ICP-MS 电源。

（8）松开蠕动泵。

六、实验结果

藻液中微量元素吸附含量见表 30-1。

实验三十 电感耦合等离子-质谱（ICP-MS）测海链藻对微量金属元素的吸附量

表 30 – 1 藻液中微量元素吸附含量

微量元素	洗脱液中的痕量金属含量/($\mu g \cdot L^{-1}$)
Al	47.6
V	2.876×10^{-1}
Cr	8.153×10^{-1}
Mn	40.40
Ni	21.24
Cu	5.962
Zn	8.541
As	1.147
Se	2.640
Ag	6.478×10^{-1}
Cs	1.554
Ba	20.34
Pb	1.303

由表 30 – 1 可以看出，钒、铬、银的吸附量少，表明藻细胞对这 3 种元素的吸附能力较小，藻体对铝、锰的吸附能力较大。

七、讨论

本实验采用 ICP-MS 法测定了海藻中的微量元素，方法简单快速、灵敏度高、准确性好，体现了 ICP-MS 在微量元素检测方面的优越性。现在，ICP-MS 已在地质、环境、医学、石油化工等诸多领域得到了广泛应用。在核工业中，ICP-MS 的应用也得到了不断地深化。20 世纪 80 年代，ICP-MS 的研究主要集中在仪器分析特点的讨论、潜力的发掘以及一些简单样品的分析上。随着应用的深入和被分析样品的复杂化，90 年代以来，ICP-MS 一方面被用来完成极为困难的分析任务，其样品处理和进样装置常常需要作特别的考虑和设计，甚至整个仪器都需改装；另一方面，作为快速、简便、有力的分析工具，ICP-MS 正逐渐应用到生产或其他研究的例行分析中，每天可测量数百个样品，提供大量的数据。

附录一 UV 2550 紫外－可见分光光度仪操作规程

一、开机、建立通讯

（1）开机前准备，实验室温度应保持在 15～30 ℃，相对湿度应保持在 45%～80%。确认样品室内无样品。

（2）打开 UV 2550 主机开关。

（3）开启计算机电源，双击桌面上的 UVProbe 图标进入工作站，在 UVProbe 界面上点击"连接"键，联机并初始化。初始化过程约 5 min，初始化完成后，点击"确定"，仪器预热 15 min 后即可进行样品测定。

二、光谱测定

（1）单击工具栏"光谱"图标，进入光谱测定模块。

（2）单击工具栏"方法"图标，进入"光谱方法"对话框。在"测定"选项卡中设定"波长范围""扫描速度""采样间隔"等项目，在"试样准备"选项卡中可输入质量、体积、稀释倍数、光程长等信息，在"仪器参数"选项卡，选择测定种类（吸收值、透过率等）。

测定：先将参比、样品池放入空白，点击"基线"校正基线，基线校正完成后。点击"波长"设置波长到 500 nm，再点击"自动调零"（由于分光光度计的能量在 500 nm 左右最强，在此自动调零可得到最正确的基线）。此后，更换样品池空白为待测样品，点击"开始"即可开始测定。测定结束后"文件"→"另存为"，将文件保存为".spc"（光谱文件）。

三、光度测定

（1）单击工具栏"光度"图标，进入光度测定模块。

（2）单击工具栏"方法"图标，打开"光度测定方法向导"对话框。设置"波长类型"并添加使用"波长"，单击"下一步"。选择"标准曲线"的类型、定量法和激活的 WL 选项,设置曲线参数,单击"下一步"。设置"光度测定方法向导"→"测定参数(标准)",单击"下一步"。设置"光度测定方法向导"→"测定参数(样品)",单击"下一步"。确认"光度测定方法向导"→"文件属性",然后单击"完成",在"仪器参数"选项卡,选择测定种类(吸收值、透过率等)。设置好之后点击"关闭"。

(3) 先将参比、样品池放入空白,点击"自动调零"。如果是双波长以上的测定,则需点"基线",激活"标准表",依次输入样品 ID 和对应的浓度等,然后依次在样品池中依次放入对应的标准溶液,点击"读取 STD",进行标准样的光度测定。标准曲线测试完成之后,激活"样品表",输入样品 ID 等信息,然后在样品池放入待测样品,点击"读取 UNK"测定样品光度。样品测试结束后保存相关的光度测定文件。

四、报告输出

点击菜单栏上的"报告"键,根据需要选择报告格式。点击菜单栏上的"打印预览"键预览,点击菜单栏上的"打印"键,输出报告。

五、关机

测试完成之后,断开 UVProbe 与仪器的连接,关闭仪器主机开关,退出 UVProbe 操作界面。取出比色皿,清洗干净后,晾干保存。

附录二　Bruker TENSOR27 红外光谱仪操作规程及注意事项

一、开机

(1) 按仪器后侧的电源开关，开启仪器，通电后开始自检（约 30 s）。自检通过后，状态灯由红变绿。仪器通电后至少要等待 10 min，待稳定后，才能测量。

(2) 开启电脑，运行 OPUS 操作软件，用户名为 default，密码是 OPUS（大写）。

检查电脑与仪器主机通讯是否正常。

二、测量

(1) 进入 OPUS 窗口后，点击"Ok"，然后设置光谱仪的部件，打开下拉菜单测量，选择光学设置和服务对话框，设置仪器参数。

(2) 设置测量参数，打开下拉菜单测量选择高级测量对话框，设置光学参数、采样模式，以及改变傅立叶变换参数。

(3) 首次开始测量时，点击个性化工具条的高级数据采集（或测量菜单下高级测量选项），检查（或设置好）实验参数（例如 c：\ program files \ opus \ xpm \ MIR_ TR. XPM 文件）后，切换到检查信号页面，应该在几秒钟后看到红色"十"字形干涉图。新仪器的干涉图正常幅度（amplitude）的绝对值应在 18000 以上（随仪器使用时间而减弱），位置（position）范围应该在 58000～62000。看见"十"字形干涉图之后点击保存峰位。尤其是在首次开机后或更换仪器硬件后应该先检查信号并保存峰位，一般不需要反复储存。

(4) 高级设置，打开下拉菜单测量选择高级测量对话框，在此设置扫描次数以及保存的路径等。

(5) 返回基本设置页面，点击背景单通道测量背景，点击样品单通道测量样品。对于固体压片测量方式，背景可以是空气或者是纯 KBr 制成的压片等，样品压片是用 KBr 与样品按比例混合并研磨后制成的压片（KBr 与样品的比例一般在 50∶1 到 300∶1）。

（6）测试结束后，所得谱图会显示在谱图窗口。选择文件菜单里的保存文件，保存谱图。

三、关机

（1）移走样品仓中的样品，确保样品仓清洁。
（2）按仪器后侧电源开关，关闭仪器。
（3）关闭电脑，若有必要，还需要从电源插座上拔下电源线。

四、使用维护注意事项

保持实验室门窗紧闭，定期开机预热，防止潮气侵袭。抽湿机应长期处于工作状态，特别是在阴雨回南天气。

定期更换样品窗和干涉仪腔体部分的干燥剂，购置特质专用的分子筛干燥剂。在 IE 浏览器网址栏输入 http：//10.10.0.1 网址，点"Scanner—Auto-Reload—Humidity IF Compartment（%）"实时查看分束器湿度及仪器其他各项指标是否正常。

开机指示灯变红时（至少每两周观察一次），应立即更换分子筛干燥剂。分子筛可以重复使用，受潮后应倒放到烧杯里在烘箱中烘干（150 ℃ 连续烘 24 h）。在干燥气氛中冷却至 50 ℃ 以下，才能将干燥剂重新装入干燥管中，盖好密封盖，置于干涉仪仓体中。切勿将高温干燥剂立即放入，否则会损坏红外光谱仪。

在最佳状态下使用仪器，仪器室最好配备空调和除湿机，但不要让空调出风口正对仪器。长时间停机后再次开机，至少等待 30 min 预热稳定后再进行测量。每天都需使用仪器时，应让仪器 24 h 打开电源。若长期不用，则必须至少每两周更换一次干燥剂并且每周至少开启主机一次，每次开机时间不低于 4 h。仪器内外所有镜面或窗片禁止任何擦拭和用手指等直接接触，并注意防潮。

实验完毕后，请保持红外光谱仪干净、干燥，实验室干净、封闭、抽湿。每次实验完毕后请规范登记相关使用情况，及时盖好防尘罩，并压放干燥剂包。熟练掌握仪器使用后才可开机操作，有任何故障应及时联系老师并做好记录。

五、红外压片注意事项

1. 压片机的使用
(1) 使用时先顺时针拧紧底座前方的黑色旋钮。
(2) 放好压片模具后拧紧上方的转盘卡紧模具。
(3) 内外摇动右边的把手缓慢实施加压力。
(4) 压片时液压表压力请勿超过 10 MPa。
(5) 达到所需压力后稍微停留半分钟待 KBr 片成型牢固。
(6) 逆时针拧松底座前方的黑色旋钮释放液压油压力。
(7) 取下压片模具反向轻压取出 KBr 片。
(8) 压完片后请将右边把手停留在向内的位置。
(9) 拧紧底座前方黑色旋钮防止压片机漏油。
(10) 清洁压片机上洒落的药品防止锈蚀。

2. 压片模具的使用
(1) 使用前先用脱脂棉蘸无水乙醇将模具擦拭干净。
(2) 将擦拭后的模具置于红外烘箱中烘干。
(3) 放置好模具底座添加 KBr 粉末后卡紧上方模具。
(4) 将模具卡紧在压片机上进行压片。
(5) 压完片后切记用脱脂棉蘸无水乙醇将模具擦拭干净。
(6) 将擦拭后的模具置于红外烘箱中烘干后置于模具盒中保存。

附录三 TAS 990 原子吸收光谱仪操作规程

一、火焰法

1. 简易流程

开原子吸收主机→运行软件→选元素灯、寻峰→开空气压缩机→检查气密性和液封后开乙炔→"点火"→高纯水调"能量"→高纯水"校零"→"参数"设置、"样品"设置→测量样品与标样→高纯水烧、空烧→关燃气→灭火后关空气压缩机并放水完全排空→退软件→关主机。

2. 具体流程

（1）开通风橱，装灯。

（2）开原子吸收主机，再打开软件工作界面。

（3）选"联机"，点"确定"→仪器进入"初始化"。

（4）双击对应灯号，选择元素（内含各元素的测量参数），再选择工作灯与预热灯，点"下一步"。

（5）设置"带宽"（入射狭缝）、"燃气流量""燃烧器高度"（调大↓、调小↑）、"燃烧器位置"（↑往外、↓往里）；调至光路中心在燃烧器正上方（0.5～0.6 mm 处），若与光路不平行则手动旋转燃烧器至平行。

（6）选择特征谱线，点"寻峰"［寻峰后更改特征谱线，必需再"寻峰"。寻峰扫描出来的特征波长与特征谱线正负差不得超过 0.25 mm，否则要用 Hg 灯校正（"应用"→"波长校正"）］。

（7）"关闭"→"下一步"→"完成"→进入检测界面。

（8）"参数"→设置标样、未知样重复数（一般 3 次）、吸光度显示范围、时间标尺（一般 1000 左右）、计算方式（连续）、积分时间（1～3 s）、滤波系数（0.3～0.6）。

（9）"确定"→"样品"→选择校正方法、浓度单位、改样品名（元素），设置系列浓度，修改样品名称。

（10）开空气压缩机（0.20～0.25 MPa）。

（11）检查气密性和液封后开乙炔（0.05～0.07 MPa）。

(12)"点火"→【扣背景】（可以不设置步骤）→高纯水"调能量"→选择需要的灯电流，再点"自动能量平衡"99%～100%（"高级调试"适用于背景扣除时使用）。

(13) 高纯水"校零"。

(14) 测量标样与样品（在测量过程中可用高纯水多次校零，如果是初次测量应先空烧两三分钟预热燃烧器）。

(15) 测量完毕后，先关燃气→灭火后关空气压缩机，并将空气排完。

(16) 关软件→关主机。

3. 备注

(1) 气密性检查：打开乙炔主阀半分钟后关上，在一两分钟内两个表压均无明显下降则证明气密性良好（每次做测试均要检查气密性）。

(2) 仪器没有液封则点不着火，燃烧器位置不当时也会点不着火。

(3) 改变燃气流量时，一定要先灭火再修改燃气流量（"仪器"→燃烧器参数→改燃气流量）。

(4) 测量时要注意不能有太大风，以免火焰摆动（风太大了要盖上罩子）。

(5) 更换元素灯后要重新调整燃烧器位置，调节能量、校零。

(6) 测量方法中的"内插法"适用于高浓度的样品检测，先测样品吸光度A，再根据样品吸光度值配两个标液，一个比A低10%左右，另一个高于样品吸光度10%，通过两相邻的标样点估计样品浓度。

(7) 调整燃烧器位置时，必须先将挡板取出。

(8) 若仪器出现不受软件控制的情况（重启软件后又能正常联机），此为软件与计算机不兼容造成的，可在"设备管理器"中点击"端口"前面的"+"号，在弹出的所有端口中选择"COM1"并双击，翻到"端口设置"的页面，点击"高级"选项，将两个缓冲区拉至最底部。

二、石墨炉法

1. 简易流程

开原子吸收主机 → 运行软件 →选灯、寻峰 →选择"石墨炉"测试方法→依次开电、冷却水和氩气→检查石墨管→调整石墨炉位置→设置加热程序→空烧→调"能量"、设置标样与样品参数→校零→测量→依次关石墨炉电源、氩气，将炉体退回→关软件→关主机。

2. 具体流程

(1) 开通风橱，装灯。

(2) 开原子吸收主机，再打开软件工件界面。

(3) 选"联机"，点"确定"→仪器进入"初始化"。

(4) 双击对应灯号，选择元素（内含各元素的测量参数），再选择工作灯与预热灯，点"下一步"。

(5) 设置"带宽"（入射狭缝）。

(6) 选择特征谱线，点"寻峰"（寻峰后更改特征谱线，必须再"寻峰"。寻峰扫描出来的特征波长与特征谱线正负差不得超过 0.25 mm，否则要用 Hg 灯校正）。

(7) "关闭"→"下一步"→"完成"→进入检测界面。

3. 取出挡板

点"仪器"→"测量方法"→"石墨炉"。

(1) 炉体稳定后，依次开启石墨炉电源、冷却水、氩气（0.35～0.40 MPa）。

(2) 点"石墨管"（勿点"确定"），打开石墨炉，用小铁夹夹住石墨管末端取出，检查石墨管是否完好（若管表皮爆开则必须更换）；然后装回原位并放平，管孔向上并处于中心，最后点确定固定石墨管。

(3) 调节石墨炉炉体位置，石墨炉炉体底下的大圆盘调高低，炉后底下两小螺丝调旋转（只能松其中一颗，手动向松开的一边旋转），"仪器"→"原子化器"（调小往里走，调大往外走），调至通过炉体后的光路为一均匀圆形无暗角为止。

(4) 点击"加热"→设置加热程序与冷却时间。

(5) "空烧"（1～2 次）→【扣背景】（可以不设置步骤）→"能量"（点"自动能量平衡"至 99%～100%），"高级调试"适用于背景扣除时使用），负高压应＜600 V，否则应适当调高灯电流再点"自动能量平衡"至 99%～100%。

(6) "参数"→设置标样、未知样重复数（一般 3 次）、吸光度显示范围、计算方式（峰高或峰面积）、积分时间（6～7 s）、滤波系数（0.1～0.2）。

(7) "确定"→"样品"→选择校正方法、浓度单位，改样品名（元素），设置系列浓度，修改样品名称。

(8) "校零"（在测试标样与样品过程中可以多次校零）。

(9) "测量"测试标样与样品（最大进样量为 30 μL）。取样时先压枪，再使枪嘴稍微进入液面取液，取液后枪嘴外不得有液珠或枪嘴内液体有气泡；进样时枪嘴恰好垂直碰到石墨管平台底部，进液时压到底同时取出，数秒后点"开始"。

（10）测量完毕后，依次关石墨炉电源、冷却水、氩气→将炉体退回（"仪器"→"测量方法"→"火焰"）。

（11）炉体稳定后，关软件→关主机。

3．备注

（1）选择"石墨炉测量方法"时，必须先将挡板取出，否则会造成主机损坏。

（2）石墨管一般使用寿命为 200～400 次，管皮爆开就不再用。

（3）进样时要等完全冷却后才能进样。

（4）测量时的相对标准偏差 RSD 应控制在 15% 以内。

（5）若使用氘灯扣背景，测量完毕后应尽快关掉氘灯（"仪器"→"扣背景"→"无"）。

（6）关氩气时，主阀要关紧。

（7）更换元素灯后要重新调节炉体位置，调节能量和校零。

（8）在测量时难免出现不理想的结果，这时，可以用鼠标左键单击最后一个测量结果，并将其拖动到"开始"按钮上，松开鼠标，即可对此次测量进行重测；若在测量完毕后发现某些结果不理想，可在测量表格中选中要重测的结果，点右键选择"重新测量"。

4．仪器常规维护

（1）石墨炉炉体内部定期用棉签蘸无水乙醇小心擦拭干净。

（2）燃烧器用久了或将长期不用需要拧出清洗，拧出时必须一手紧握底座，另一手拧出燃烧器（可刷洗）。

（3）雾化器也要定期冲洗，先拔掉空气管，再用一字螺丝刀小心松开上下两颗固定螺丝，小心取出，用清水冲洗即可，勿使雾化器与硬物发生碰撞。

（4）仪器较为精密，切勿有振动，机身上不能放其他任何物品，以防止某些部件移位。

（5）实验过程中所用到的盛放标准溶液的所有器皿均应放置在 20% 的硝酸溶液中浸泡 12 h 以上。

附录四　AFS 3100 原子荧光光谱仪操作规程

一、使用准备

（1）打开灯室，将待测元素的空心阴极灯插头插入灯座，用调光器调节光斑位置。

（2）打开原子化器的前门，用洗瓶在排废液装置的顶部开口处补加少量水保持液封。

（3）检查断续流动系统的泵头和泵管，适当补加硅油，旋转固定块将压块压住泵头。

（4）开启气瓶，调节气瓶减压阀至次级压力在 0.2～0.3 MPa 之间。

（5）按微机、断续流动、主机、通风系统顺序开启各自电源。

二、操作

（1）用鼠标左键双击桌面"AFS 3100 原子荧光光谱仪"，进入 AFS 软件操作系统。

（2）微机和主机联机通讯正常时，软件自动进入元素灯识别画面，用鼠标左键双击不需检测的元素灯符号后，按键盘删除键将其删除，确认无误后，用鼠标左键单击"确定（O）"。

（3）在"文件（F）"下拉菜单中，分别选择"气路自检""断续流动系统自检""空心阴极灯自检""串行通讯检测"，进行系统自检，自检完毕后，用鼠标左键单击"关闭（C）"，退出自检。

（4）在"文件（F）"下拉菜单中，选择"生成新数据库"或"连接数据库"，使本测试的所有信息及数据以一个或多个文件的形式存放在数据库中。

（5）用鼠标左键单击"条件设置"，进入测试条件设置对话框，在该对话框中分别对"仪器条件""测量条件""断续流动程序""标准样品参数""自动进样器参数"等内容进行相关参数设定。

（6）用鼠标左键单击"运行"菜单中"点火"项，点燃炉丝，仪器预热 30 min 后开始测量。

（7）建立标准曲线。

a. 用鼠标左键单击工具栏中的"模拟监视""测量数据结果""曲线"，可模拟显示测量过程的荧光信号、测量数据和标准曲线。

b. 用鼠标左键单击工具栏中的"空白"，再单击弹出窗口的"标准空白测量"，仪器开始对标准空白进行测量。当连续测量两个标准空白的荧光值的差值小于或等于"测量条件"栏中"空白判别值"所设定值时仪器停止测量，两个标准空白荧光值的平均值为标准空白值。重测标准空白溶液后，其他测量值均需重测。

c. 用鼠标左键单击工具栏中的"标准测量"，在弹出的文件名窗口输入本次标准测量的文件名，再单击弹出窗口的"标准曲线测量"，仪器开始对标准系列溶液进行测量。需对某个点重测时，可单击"重测标准曲线"，输入该点的序号，点击"确定"即可。标准系列溶液的测量值显示在"测量数据结果"栏下的"标准测量数据"表中。

（8）样品测量。

a. 用鼠标左键单击工具栏中的"空白"，再单击弹出窗口的"样品空白测量"，在"样品空白选择"对话框中，选择 1 号样品空白或 2 号样品空白单独测量和两个样品空白测量。

b. 在工具栏中点击"参数"，弹出"样品参数"对话框，对"样品形态""样品单位""质量/体积比或体积/体积比""样品标识""顺序号"等样品信息进行输入，输入完毕，点击"确定"。

c. 在工具栏中点击"样品测量"，仪器开始对样品测试进行连续测量，测试样品测得的荧光值为减去样品空白荧光值的数值并显示在"样品测量数据"栏。样品测量完毕，数据自动存盘，文件名的输入在测量前进行。

d. 在"文件（F）"下拉菜单中，点击"打印条件""打印标准曲线""打印测试报告"等，即可将样品测量的相关数据打印。

（9）关机。

a. 测试完成后将载流槽内的载流换成蒸馏水，然后将还原剂管和载流补充管插入去离子水中，点击"清洗"或"标准空白测量"，对管路系统进行数次清洗。

b. 退出 AFS 3100 软件操作系统。

c. 按微机、主机、断续流动、通风系统顺序关闭电源。

d. 旋转固定块将压块释放对泵头的压力。

e. 关闭氩气瓶阀门，逆时针旋转减压阀，关闭次级压力。

三、维护保养

（1）更换元素灯时一定要关闭主机电源，要确保灯头插针和灯座上的插孔完全吻合，务必用调光器调光。

（2）定期检查泵管是否严重变形并适当补加硅油，不可将压块上调节螺丝调得太松或太紧。

（3）原子化器的石英炉芯要定期用 1+1 的硝酸浸泡。

（4）长期不使用时，至少每周要开机 1 小时。

附录五　RF 5301 原子荧光光谱仪操作规程

一、开机

打开计算机，打开仪器电源开关（拨向标"I"的方向和风扇，把 Xe 灯拨至"On"位置，点亮氙灯，双击桌面上的 RF 5301 PC 图标，仪器自检后，进入操作界面。开灯预热 10～30 min 后方可进行检测。

二、测定

1. 激发和发射光谱扫描

（1）点击"Configure"→"Parameters"，进入 Spectrum Parameters 设置。

（2）发射光谱曲线扫描：选择"Emission"，输入合适的参数后，点击"Ok"，接着点击"Start"进行扫描，找到最大发射波长 Em_{max}。

（3）激发光谱曲线扫描：同样在 Spectrum Parameters 设置界面上，选择"Excitation"，在 EM Wavelength 处输入（2）找到的 Em_{max}，再输入合适的参数后，点击"Ok"，接着点击"Start"进行扫描，找到最大激发波长 Ex_{max}。

（4）数据保存和转换，点击"File→Save"，保存文件到适当位置，点"File→Data Translation→ASCⅢ"进行数据格式转换。

2. 单点荧光强度的测定

通过上面（2）操作，输入扫描得到的最大激发 Ex_{max} 和发射波长 Em_{max}，点击"Go To W"→Ok→Read，得到特定激发和发射波长下样品的荧光强度。

3. 峰面积计算

对上述步骤（2）或（3）扫描的光谱曲线峰计算峰面积，Manipulate→移动光标，设置峰起止的波长 start 和 end→点击 Recal 软件自动计算积分面积。

三、关机

(1) 点击"File→Channel→Erase Channel"退出通道。
(2) 关闭软件。
(3) 关闭 Xe 灯,冷却 30 min。

附录六　TVOC 气相色谱仪（GC900A）操作规程及使用注意事项

一、TVOC 气相色谱仪（GC900A）操作规程

（1）通氮气，大约 15 min 后打开电源（注：氮气阀门拧到最大，减压阀拧到 0.5 MPa 左右并防漏，使得主机上仪表载气的压力在 0.04 MPa 左右）。

（2）打开主机电源，测样时，TVOC 热解吸进样器扳到"分析"位置；当需要解吸附采样品时，则将 TVOC 热解吸进样器扳到"取样"位置。

（3）设置操作条件：进样口温度、检测器温度、柱温（程序升温），按"输入""运行"键，等待仪器达到所设置的条件。

（4）按"显示"键，观察仪器条件的状态。

（5）待仪器达到所设条件时，开启氢气和空压机的按钮，同时观察氢气发生器上氢气流量在 10 mL/min，主机上氢气的表压在 0.02 MPa，同时将氢气点火开关打到最大，点火，听到"噗，噗"两声响，同时观察在线谱图上可以看到明显的电压突变；表明点火成功。之后关闭"H_2 点火开关"。

（6）进样，测定样品，处理结果。

（7）分析完毕，首先关闭主机上氢气开关，以便隔断氢气使火焰熄灭，然后再将开关打开；之后关闭氢气发生器开关。

（8）重新设置仪器条件，尤其要注意：必须在柱箱和检测器温度降到 70 ℃以下才能关闭气源。

（9）关闭空压机开关，并定时排出空压机中的水。

（10）关闭主机按钮和载气减压阀。

二、GC900A 使用注意事项

（1）在使用 FID 检测器的时候请务必保证机架背后的 TCD 桥电流钮子处在关的位置，否则误按到 TCD 桥流按键时会造成 TCD 热导元件的损坏。

（2）长期停机后重新启动操作时，应先通载气 15 min 以上。

（3）柱温温度的设置必须低于色谱固定液的最高使用温度，检测器温度的设置应保证样品在检测器中不冷凝，汽化室进样器系统的温度设置应高于样品组分的平均沸点，一般应高于柱箱温度 30～50 ℃。

（4）氢气净化器内的吸附剂必须定期活化处理，以保持净化效果。

（5）开机使用 FID 时必须先通载气和空气，再开温度控制，待检测器温度超过 100 ℃才能通氢气点火。FID 系统停机时，必须先关氢气熄火，然后再关温度控制，当柱温降下后再关载气和空气。如果开机时在 FID 温度低于 100 ℃时就通氢气点火，或关机时不先熄火就降温，就容易造成 FID 收集极积水使得基线不稳。

（6）关机时，请务必保证柱箱和检测器的温度降到 70 ℃以下，才能关闭气源。

附录七　Agilent 1100 高效液相色谱仪操作规程

一、实验准备

检查使用记录和仪器状态：检查色谱柱是否适用于本次实验，流动相是否适用于色谱柱，仪器是否完好，仪器的各开关位置是否处于关闭的位置。

二、实验操作

（1）打开高效液相色谱仪 Agilent 1100 的泵单元、检测器、色谱工作站的电源开关，系统开始检测，开计算机，点击 N 2000 色谱在线工作站，选择通道 A。

（2）逆时针打开阀（Purge），在手持控制器面按 Settings（F1）选择"2. Iso Pump"项，设置流速 Flow 为 5.000 mL/min，选（F8）确定，开泵，按 Done 项，排气 10 min。

（3）在手持控制器面设定流速为 0 mL/min，关阀，同法设定流速为检测流速（一般为 0.800～1.000 mL/min），按（F8），选择"Pump On"项，开启泵，按 Done 项，确定，系统稳定至少 30～45 min。

（4）系统稳定后，按 Settings（F1）选择 3VW Detector，设 wavelength（检测波长）。按（F8）确定，选择 System On，按（F6）Done，返回手持控制器面。

三、进样操作

（1）点击 N 2000 色谱在线工作站界面的"查看基线"，并且按"零点校正"。待到基线平稳后方可进样。

（2）用待测溶液冲洗进样针数次，然后在"INJECT"和"LOAD"位置下，冲洗内外路数次。

（3）将在"INJECT"位置进样器手柄扳到"LOAD"位置，进针，迅速将手柄扳到"INJECT"位置，进样，按采集数据开关，开始分析。

四、清洗和关机

（1）分析完毕后，按步骤二、（2），二、（3）操作。用保存液（一般为色谱纯甲醇）冲洗泵、色谱柱、流通池，直到保存液充满各处管路并且没有气泡为止（>30 min）。

（2）按三、（2）操作用保存液冲洗数次。然后打到"INJECT"位置，用盖子盖好，防止污染。

（3）检查溶剂瓶中的保存液是否合适。

（4）按二、（4）操作选择"Lamp Off"先关检测器，再关阀，按二、（3）操作选择"Pump Off"关泵，最后关电源（包括关计算机）。

附录八　GC 2010 气相色谱仪操作规程

一、准备步骤

（1）打开气源，载气（N_2/He）：0.5 MPa，H_2：0.4 MPa，空气：0.3～0.5 MPa。

（2）打开 GC2010 和计算机，双击"Labsolution"，双击"FID"，进入实时分析单元，如下界面，用户名："Admin"；密码：无；点击"确定"键，连接 GC 仪器，长声蜂鸣表示联机成功。

（3）将显示"GC 实时分析"窗口，打开"系统配置"，在"系统设定"中选择需要的配置，单击"设置"。

（4）设置"仪器参数"中的自动进样器、进样装置（SPL）、柱温箱（须略高于检测所需柱温 10～20 ℃）、检测器（FID）、常规参数，通过"文件"→"方法文件另存为"选择该方法的保存路径。

（5）打开"数据采集"，"下载仪器参数"方法至 GC2010，开启 GC。

（6）如果使用以前编辑好的方法，直接在第（3）步的窗口下用鼠标点"文件"菜单，找到"打开方法文件"，打开需要的方法文件名。

（7）待 GC 状态为"准备就绪"时点击"Ok"即可进行检测。

二、单个样品分析

（1）单击"单次分析"→"样品记录"，在"样品注册"对话框中设置各参数，并明确"样品瓶号"，"确定"。

（2）单击左侧工具栏"开始"，进入检测。

（3）检测会根据检测器（FID）参数中设置的结束时间自动停止并保存数据文件，如需手动停止，单击左侧工具栏"停止"。

三、样品批量处理

（1）单击"批处理"→"批处理表向导"，选择"批处理表→新建"，批处理必须要输入样品瓶号、样品名称、样品类型、方法文件、数据文件，设好各项参数后，"完成"。注意：批处理要设置检测器的信号采集结束时间，同时要确保样品全部流出。

（2）单击"开始"，保存批处理文件，进入批处理分析。

四、关机步骤

方法一：

（1）保存上述分析方法，升高柱温 20～30 ℃，进行 20～30 min 的柱清洗。

（2）调用一种新方法，"下载"至仪器，进行仪器的降温，待进样器和检测器的温度降至 70 ℃以下时，在 Labsolution 上"关闭系统"，退出软件控制，关闭 GC2010 主机电源。

（3）关闭气源，载气（N_2）、H_2、Air。按住空压机放水阀几秒钟，放水后关闭空压机。关闭 GC 电源开关。

（4）关闭计算机、打印机、稳压电源开关。

方法二：

（1）保存上述分析方法，升高柱温 20～30 ℃，进行 20～30 min 的柱清洗。

（2）点一下"系统关闭"，等柱温小于 50 ℃，检测器温度小于 70 ℃以后，退出实时分析窗口，关闭计算机。

（3）关闭气源，载气（N_2）、H_2、Air。按住空压机放水阀几秒钟，放水后关闭空压机。关闭 GC 电源开关。

（4）关闭计算机、打印机，稳压电源开关。

五、样品数据分析

双击 Labsolution，打开"处理工具"，通过"再解析"查看数据文件。

六、注意事项

（1）仪器环境温度保持 5～35 ℃，相对湿度 85% 以下，避免阳光直射。

（2）调节柱箱温度时不得超过色谱柱最高使用温度。

（3）检测器恒温箱要先升温，再升柱箱温度，最后升进样口温度。

（4）关机时要先降进样口温度，再降柱箱温度，最后降检测器恒温箱温度，以防检测器被污染。

（5）使用电子捕获检测器时温度应低于放射源最高使用温度，进样时不得将较高浓度的电负性物质注入检测器，以免污染检测器。

（6）H_2 易燃易爆，保证氢气发生器液面高度在标尺 1.2～1.8 刻度之间，最好处于中间刻度。

（7）柱子要老化后再接上检测器，以免流失造成喷嘴堵塞。

（8）不使用的检测器，进样口最好在"Off"状态。

（9）定期更换进样垫；进样口内的玻璃衬管要定期清洗，SPL 需注意分流及不分流两种衬管，衬管内最好加石英棉；不用的进样口和检测器要用死堵堵好。

附录九　岛津 LC 20AD 高效液相色谱仪操作规程

一、准备步骤

（1）准备所需的流动相，检查流动相是否足够，是否在有效期内（流动相最好当天配制）。流动相用合适的 0.45 μm 滤膜过滤，并超声脱气 20 min。脱气后将吸滤头由保护液中换至流动相瓶内。

（2）配制样品和标准溶液，用合适的 0.45 μm 滤膜过滤。之后将样品和标准溶液放入自动进样器中的样品架。

（3）接好色谱柱，按"Flow"方向装；并检查仪器各部件的电源线、数据线和输液管道是否连接正常。

二、测试程序

（1）先打开系统控制器，之后开启电脑、柱温箱、输液泵电源、自动进样器和紫外检测器，平衡稳定系统大约 20 min。

（2）观察电脑下图标的颜色，绿色为正常，红色为异常。绿色则双击"Labsolution"工作站，进入操作界面。

（3）排气：流动相、泵和自动进样器的脱气。

a. 泵的脱气：旋转旋转阀至水平位置，按"Purge"，排气，至 pump 绿灯消失，拧紧旋转阀。

b. 自动进样器的脱气：按"Purge"，排气，3 min 之后按"Purge"键，停止排气。

c. 流动相的脱气：若有脱气机，则按电脑"仪器的激活 On/Off"键，脱气机对流动相进行脱气，此时仪器开始进行走基线。

（4）参数设置，建立分析方法。

a. 在"仪器参数视图"里面，选择高级，然后依次改变其中的参数，包括总流速、泵 B 浓度、结束时间、柱温箱温度、检测器、时间程序。

总流速：一般不超过 1 mL/min。

结束时间为分析样品的时间。

泵：模式选择二元高压梯度，设置泵 B 的浓度（70%）。最大压力根据色谱柱的最大压力（20 MPa）进行设置，最小压力设为 0.5 MPa。

检测器 A：D_2。

双波长：输入开始和结束时的波长。根据样品选择 190～370 nm 或者 370～700 nm，必须处于同一范围。

柱温箱：一般为 40 ℃，最大值为 90 ℃。若要低温或室温，柱温箱就不要打"√"。

时间程序：洗脱方式、等度洗脱和梯度洗脱的设置。

方法设置完后，选择文件，点击"方法文件另存为"输入方法名称，存为方法文件。

b. 批处理分析。单击批处理，出现对话框，选择已经编辑的方法，输入文件名，输入样品瓶、样品架和样品的体积，设置好保存路径，点击"批处理文件另存为"，输入名称，存为批处理方法文件。

(5) 当仪器稳定、基线平稳后，观察泵控制屏幕上的压力值，压力波动应不超过 1 MPa。如超过则可初步判断为柱前管路仍有气泡，应重新排气泡；另外观察基线变化，如果冲洗至基线漂移小于 0.01 mV/min，噪声为小于 0.001 mV 时，可认为系统已达到平衡状态，则可以进样。点击"下载"键，将保存好的方法下载，参数和状态显示在界面的右上方，点击"批处理分析"开始键，开始样品的测试。样品采集完毕后，点击辅助栏停止或者停止的快捷键，当前的数据采集就会终止。

三、清洗系统和关机

数据采集完毕后，应最先关闭检测器电源，再关闭柱温箱和泵，待压力降为 0 后，将吸滤头换至新配的流动相（高比例的有机相，其中含有 70% 以上的甲醇），然后建立清洗方法文件（设定流动相的比例和总流速等），并另存为方法文件，点击"下载"键，开始冲洗色谱柱。清洗完成后，先关闭泵，待压力降至为"0"时，关闭各组件电源，关闭计算机。

附录十　ICS 900 离子色谱仪操作规程及维护注意事项

一、开机

(1) 确认淋洗液储量 ≥ 100 mL。阴离子淋洗液浓度：4.5 mmol/L Na_2CO_3 + 0.8 mmol/L $NaHCO_3$，阳离子淋洗液为 20 mmol/L MSA（甲磺酸）。淋洗液现用现配，阴离子淋洗液使用水系微孔滤膜过滤，阳离子淋洗液使用有机系微孔滤膜过滤，再真空抽滤后超声波脱气 2 min 以上。

(2) 开启氮气瓶总开关，分压表调至 0.2～0.5 MPa，淋洗液瓶上的压力调至 6 psi 左右。

(3) 打开电脑，启动"Chromeleon 7"软件，打开 ICS 900 主机电源开关，暂时不打开抑制器外加电源开关。

二、运行准备及进样分析

(1) 拉开主机的前盖，左拧排气螺母两圈 N_2 压力排气 2 min，开泵再排半分钟再拧紧螺母继续泵压排气，关闭排气阀待压力上升至 1000 psi 以上后再开抑制器电源，调节电流值，阳离子 60 mA，阴离子 25 mA。

(2) 开泵约 30 min，基线已平稳（可以打开监控采集基线，调小纵坐标看是否达到水平），且总电导和系统压力在正常范围内（阴离子 AS22 系统的总电导值应在 18～22 μS 之间），总压力应在 (2000±400) psi 内；阳离子 CS12A 系统的总电导值应小于 2 μS，总压力应在 (1400±400) psi 内。再按"Monitor Baseline"停止基线的采集。基线平衡后，编方法，待进样分析。

A 做标准样顺序	B 做分析样品顺序
①建立文件夹	①在数据界面找到标准样的序列，点击"另存为"
②创建仪器方法	②点击保留原始数据，更改名字，点击"保存"

③创建处理方法	③添加新的进样，点击"保存"
④创建报告模板	④回到仪器界面，点击"队列"
⑤创建序列	⑤添加刚才保存的序列，点击"开始"
⑥做标准样品	⑥进样，点击"确定"
⑦数据处理	⑦数据处理

三、关机步骤

（1）运行完样品后淋洗液冲洗 30 min，再关抑制器电源，待气泡少或无时（0.5～1 min）再关泵，关软件，关氮气，关仪器、电脑电源。

（2）填写实验记录，记录下系统压力、抑制器反压、总电导等信息，然后将样品、试剂移出仪器间，清理室内卫生，关好水、电、门窗等。

四、维护注意事项

（1）更换下来不用的保护柱和分离柱一般先充满淋洗液，两端分别用螺母堵住再保存。

（2）抑制器 2 周以上没用时，应注意灌注超纯水活化，右边注水，大口 3 mL，小口 5 mL。淋洗瓶进液管末端应连接白色过滤头，长时间使用后可用 5% 甲醇，超纯水依次超声清洗。

（3）定期更换淋洗液（每月）、过滤头等。

（4）分离柱的储存。淋洗液正常运行至少 10 min。

（5）用死接头将分离柱/保护柱两端封堵。

（6）离子色谱使用的水与试剂要求：

高纯水电阻率大于等于 18.2 MΩ，0.22 μm 滤膜过滤，淋洗液超声脱气。

淋洗液要经常更换。

试剂：尽可能使用优级纯，配标准的试剂应预先干燥。

（7）泵右侧的流速调节旋钮不要随意调节，否则需重新校正流速。

（8）定期开机：仪器建议定期使用，若不分析样品，可定期（建议 1～2 周）开机运行 30 min 后再关机。

附录十一　CHI 660D 电化学工作站操作规程

一、仪器介绍

CHI 系列仪器几乎集成了所有常用的电化学测量技术。可提供绝大多数电化学测量方法，如：循环伏安法、差分脉冲伏安法、阶跃和扫描、线性扫描伏安、交流阻抗等，应用于腐蚀、燃料电池、电池、超级电容器、恒电流应用（电镀）、电沉积、固体电化学以及各分析领域。

二、仪器组成

整机由电化学工作站、电脑、三电极系统组成。

三电极系统：包括参比电极、工作电极和辅助电极。参比电极一般为 Ag/AgCl 电极、饱和甘汞电极，辅助电极一般用铂电极，工作电极为待测电极。

电源线连接：绿色夹头接工作电极，黄色夹头接参比电极，红色夹头接辅助电极，黑色夹头为地线。

三、操作程序

（1）将三电极系统插入电解池，将电源线和电极相连接。

（2）电源和电极连接好后，打开电化学工作站电源开关。

（3）打开计算机，双击桌面上电化学工作站的快捷图标，检查电化学工作站与计算机的通讯是否正常。若出现"Link Failed"，需检测电源是否打开、电线连接等问题，必要时需重新启动电化学工作站，甚至计算机。

（4）打开工作站的控制界面，根据实验需要，设定实验技术和实验参数。确认参数设置准确无误后，按主界面的运行按钮进行实验。

（5）实验结束后，单击"保存"图标，弹出保存对话框，输入文件名，选择保存路径，单击"保存"。

（6）实验结束后，退出计算机上运行的程序，关闭电化学工作站上的开关，并做好相应的设备使用记录和实验记录。

四、注意事项

（1）开机前须检查电化学工作站的接地端与地线连接是否正常。地线不但可起到机壳屏蔽以降低噪声的作用，而且也是为了安全，不致由漏电而引起触电。

（2）电极在反应池中放置的位置要正确，防止电极间短路。电极夹头长时间使用造成脱落，可自行焊接，但注意夹头不要和同轴电缆外面一层网状的屏蔽层短路。

（3）严禁在开机状态下插拔电化学工作站同计算机的数据连接线。

（4）仪器不宜时开时关，但晚上离开实验室时建议关机。使用温度15～28 ℃，此温度范围外也能工作，但会造成漂移和影响仪器寿命。

（5）关于电流溢出（overflow）：如实验过程中发现 overflow，经常表现为电流突然成为一条水平直线或得到警告，可停止实验。在参数设定命令中重设灵敏度（sensitivity）。数值越小越灵敏（1.0e-006 要比 1.0e-005 灵敏）。如果溢出，应将灵敏度调低（数值调大）。灵敏度的设置以尽可能灵敏而又不溢出为准。如果灵敏度太低，虽不致溢出，但由于电流转换成的电压信号太弱，模数转换器只用了其满量程的很小一部分，数据的分辨率会很差，且相对噪声增大。

附录十二　日立 SU 8010 场发射扫描电镜操作流程及注意事项

本电镜型号 HITACHI SU 8010 为场发射扫描电子显微镜。主要针对纳米等材料的表面形貌、粒度测定、晶体结构和相组织的观察与分析及材料微区化学成分的定性定量检测。

一、样品准备

样品粘好后，请拿洗耳球用力吹扫！防止粉末掉落污染仪器。

二、镀膜 Au

不导电或导电性一般的样品建议喷金，有特殊需求的除外。
样品台必须锁紧，且用专用量规限高。

三、进样

（1）样品杆扭到 Unlock；点击"Air"按钮；听到提示音后，打开交换仓。
（2）推出样品杆，装好样品台，将样品杆扭到 Lock，并拉回。
（3）将交换仓推上并用力将其顶住，同时按下"EVAC"按钮，等真空马达运作后松开。
（4）听到提示音后，点击"Open"。
（5）听到提示音后，推进样品杆，必须到 XC 灯亮。
（6）灯亮后，将样品杆扭到 Unlock，然后拉回。
（7）点击"Close"，听到提示音后方可进行电脑软件操作。

四、电镜软件操作

开启"Display"电源，PC 登录后，启动 Windows 软件，并启动 PC-

SEM 软件，口令为空。每天由专门管理人员只进行一次 Flashing，且强度选为 2，通常电脑界面上会有提示。

根据需要调整电压（通常电压 5 kV，10 μA）。

调整电压与电流后，点击软件"On"通电加压；待加压进度条结束后，可开始拍照。

五、拍照基本流程

（1）在 TV 模式下进行图片的放大、聚焦等操作。

（2）低倍下找样品，找到样品后切换到高倍，并聚焦。

（3）聚焦后，再调整想要的放大倍数，然后再聚焦，消像散 A-Align。

（4）调整后，通过 Slow3/4 观察照片，如果满足清晰度要求，点击 "1280"保存照片。

六、卸样

（1）调低放大倍数，1000 倍以内，点击"Off"关掉电压。

（2）确认 Z 为 8.00 mm 后，必须点击"Home"键归位，观察按钮旁边的绿灯，待闪动停止。

（3）点击"Open"，听到提示音后，Unlock 样品杆扭，并将其推进仓内。

（4）必须推到 XC 灯亮后，将样品杆扭到"Lock"，然后拉回。

（5）点击"Close"，听到提示音后，点击"Air"按钮。

（6）听到提示音后，打开交换仓。

（7）推出样品杆，将样品杆扭到 Unlock，取下样品台，并拉回样品杆。

（8）将交换仓推上并用力将其顶住，同时按下"EVAC"按钮，等真空马达运作后松开。

七、仪器日常使用记录表格填写及分析数据存取

（1）仪器分析使用后请详细填写如下信息：使用日期、操作人员、IP1～IP3、Flashing 2（专门管理人员填写）、Vext（kV）、使用时间、备注（记录故障情况及分析样品数等）。

（2）选择图像列表内的图像，点击"保存"，在 D 盘相应年份及月份的文件夹中新建分析人文件夹及其分析日期下级文件夹。

（3）分析测试结果仅以光盘刻录形式提供。

最后一个操作人员执行如下操作：退出 PC-SEM 电脑软件，执行关闭计算机操作，待 PC 关机后，关闭 Display 电源。

附录十三　差示扫描量热仪(DSC)操作规程

一、样品测试

打开计算机操作软件，一般开机半小时后可以进行样品测试。

二、确认测量所使用的吹扫气情况

(1) 对于 DSC 通常使用 N_2 作为保护气与吹扫气，纯度要求 99.99%。
(2) 调节气流表流量：保护气 ≥60 mL/min，吹扫气 ≥50 mL/min。

三、制备样品

(1) 先将空坩埚放在天平上称重，去皮（清零），随后将样品加入坩埚中，称取样品质量。质量值建议精确到 0.01 mg。
(2) 加上坩埚盖（坩埚盖上通常扎一小孔），如果使用的是铝坩埚，需要放到压机上压一下，将坩埚与坩埚盖压在一起。
(3) 将样品坩埚放在仪器中的样品位（右侧），同时在参比位（左侧）放一空坩埚作为参比。

四、软件操作

打开测量软件，点击"文件"菜单下的"新建"，按要求逐步输入。如输入起始温度、升温速率、终止温度、恒温时间段。

五、测试完毕处理

1 小时后关闭氮气瓶、仪器和电脑。

六、注意事项

(1) 温度范围：-70～600 ℃。
(2) 设备作业要求：保持环境清洁、整齐，严禁受潮，保持干燥，切记不要振动操作台。
(3) 实验人员安全要求：进入岗位前，必须经过相关培训。
(4) 操作前认真检查设备是否安全可靠，尤其检查制冷机的工作状态。
(5) 仪器工作压力不得超过 0.05 MPa。

附录十四　热重分析仪(TG)操作规程

一、样品测试

打开冷却水系统、仪器和电脑，预热 2 小时后才进行样品测试。

二、确认测量所使用的吹扫气情况

（1）对于 TG 通常使用 N_2 作为保护气，N_2 或空气作为吹扫气，N_2 纯度要求 99.99%。

（2）气流量（内置）：保护气≤10 mL/min，吹扫气≥20 mL/min。

三、制备样品

（1）坩埚为 Al_2O_3，含碱金属样品，硅酸盐不能进行测试。

（2）样品量为坩埚体积 1/2，最好小于 1/3。

（3）待天平稳定后，轻轻放入坩埚（支架较脆，需要小心操作）。

四、软件操作

打开测量软件，点击"文件"菜单下的"新建"，按要求逐步输入，设置参数。

五、测试完毕后处理

待样品温度降至 100 ℃以下时，方可打开炉盖，拿出坩埚，待仪器降至室温，关闭仪器、冷却水系统和电脑。

六、注意事项

（1）温度范围：室温至1100 ℃。
（2）设备作业要求：保持环境清洁、整齐，严禁受潮，保持干燥，切记不要振动操作台。
（3）实验人员安全要求：进入岗位前，必须经过相关培训。
（4）仪器工作压力不得超过0.05 MPa。
（5）冷却水系统的设置温度要高于室温2～3 ℃。

附录十五　XRD 操作规程

一、开机

（1）打开仪器总电源。
（2）开启"循环水冷机"电源开关，待温度面板出现温度显示后，将 Run/Stop 开关拨到 Run。
（3）开启 XRD 主机背后的电源开关，一定要先向下扳。
（4）开启计算机：双击 Rigaku→Control，双击 XG Operation 图标，出现 XG Control RINT2220 Target：CU 对话框；点击"Power On"图标，等"红绿灯"图标的绿灯变亮后点击"X-Ray On"图标，主机 X-Ray 指示灯亮，X 射线正常启动，双击 Executing Aging 主机将自动将电压加到 30 kV，电流加至 4 mA，完成 X 光管老化。

二、样品制备

块状样品需选用一平整表面作为衍射平面，然后将待测样品放入铝样品架的方框内，用橡皮泥固定好。

粉末样品则选用玻璃样品架，将样品放入样品架的凹槽中，用毛玻璃压平。

按主机上的"Door"按钮，轻轻拉开样品室的防护门，将制备好的样品插入样品台，再缓慢关闭防护门。

三、样品测试

（1）双击文件夹 Rigaku→Right Measurement，双击 Standard Measurement 图标，则出现 Standard Measurement 对话框。
（2）在 Standard Measurement 对话框中，双击 Condition 下的数字，确定样品测试的参数，即 Start Angle，Stop Angle。
（3）在 Standard Measurement 对话框中，输入样品测试的保存文件信息，即子目录路径，Folder Name、文件名 File Name 及样品名称 Sample Name。

（4）点击"Executing Measurement"图标，出现 Right Console 对话框，仪器开始自检，等出现提示框 please change to 10 mm! 时，点击"Ok"，仪器开始自动扫描并保存数据。关机。

（5）全部样品测试完成后，双击 Rigaku→Control，双击 XG Operation 图标，出现 XG Control RINT2220 Target：CU 对话框。

（6）在 XG Control RINT2220 Target：CU 对话框，先通过点击"Set"将电流升至 40 mA，电压升至 40 kV，再将电流降至 2 mA，电压降至 20 kV，然后点击"X-Ray Off"图标，主机 X-Ray 指示灯灭，X 射线关闭，等"红绿灯"图标的绿灯变亮后，点击"Power Off"图标，即关机。

四、电源关闭

（1）主机电源关闭半小时后关闭循环冷却水系统，即先将 Run/Stop 开关拨到 Stop，再关闭其电源开关。

（2）最后关闭总电源，测试结束。

附录十六 GC-MS 联用仪操作流程

一、启动气-质联用装置

接通电源,依次打开载气、计算机,GC、MS 主机电源,等待仪器自检完毕,在电脑桌面双击图标,进入 MS 化学工作站。

二、启动真空系统

关闭放空阀,启动 GC,不要启动 GC/MS 接口加热区域、进样口部件和色谱柱箱。

三、调谐

调谐应在仪器至少开机 2 h 后方可进行,若仪器长时间未开机,则建议将此时间延长至 4 h。

四、设置 GC 相关测试参数

按照相关要求设置好自动进样器参数、模块配置参数、色谱柱参数、温度、压力等。

五、编辑数据采集方法

调用已有方法或者重新编辑整个方法,编辑样品数据文件名称,编辑序列表。

六、分析

将待测样品置于自动进样器进行进样分析,并进行数据采集、样品数据分析，生成报告。

七、关机

放空程序，关闭 GC/MS 接口加热器、分析器加热器、真空泵加热器，且将 GC 炉温设置到 30 ℃，在关载气之前要确保 GC 炉和 GC/MS 接口已冷却。当软件提示可以关闭电源时，关闭 MS 电源。打开 MS 上面的罩子，逆时针方向旋转放空阀，将空气放入真空室。

附录十七 LC-MS 联用仪操作流程

一、启动液-质联用装置

接通电源，依次打开质谱主机、液相色谱各单元和电脑的电源开关，打开氩气钢瓶和液氮罐的阀门。

二、启动真空系统

电脑开机，双击电脑桌面上的图标 LabSolutions，点击"Ok"，启动分析程序。在新出现的窗口中点击左侧的"Instrument"，再双击右侧的对应的仪器型号图标；然后点击新窗口的左侧按钮"Data Acquisition"，再点击"Main"按钮，然后再点击窗口左侧最下方的按钮"System Control"，点击"Auto Start Up"按钮，当质谱主机上的"Status"指示灯为绿色，方可进行分析测试。如需要得到稳定测试结果，至少需要抽真空 6 h 以上再进行测试。

三、平衡色谱柱，准备分析实验

按照需要进行的实验条件进行配制流动相，旋开液相色谱输液泵的排气阀旋钮进行排气，排完关闭排气阀旋钮。在 LabSolutions 工作站中依次点击"Instrument"→对应仪器装置，调用方法文件，启动液相色谱输送流动相对色谱柱进行平衡。观察基线情况，待基线平稳后，即可进样分析。

四、进样分析

点击"Realtime Analysis"窗口左侧的"Start Single Run"按钮，打开"Single Run"主窗口。设置样品名称、测试方法等相关参数后，点击"Ok"按钮，进样测试，数据采集完成。

五、结束分析实验，冲洗色谱柱

实验结束，关闭液相色谱仪的泵单元，将流动相进行更换。

六、关机

先关闭所有的窗口，此时出现"Shut Down"窗口，将对应的选项打上"√"，退出 LabSolutions。然后关闭液相色谱各单元的电源，关闭电脑即可。最后关闭液氮罐上的阀门和氩气钢瓶的总阀。关闭载气。

附录十八 Agilent 7700x ICP-MS 操作流程

一、准备与开机

（1）打开电脑、ICP-MS 的两个电源开关。待仪器自检通过后，双击电脑桌面"ICP-MS Top"进行联机。

（2）从 Instrument Instrument Control Vacuum 中选择"Vacuum On"，开始抽真空，仪器从 Shut Down 状态向 Stand By 状态转换。

（3）若使用碰撞反应池，从 Instrument Control Maintenance Reaction Gas 中勾选"Open Bypass Valve"，设置流量 2～5 mL/min 进行吹扫。如每天使用碰撞反应池吹扫 5～10 min；若长时间不使用建议 2 mL/min 吹扫过夜。

（4）待仪器进入 Stand By 状态，打开氩气（出口压力 0.7 MPa）、反应气（出口压力 0.1 MPa）、冷却循环水系统、排风开关，清空废液桶。若使用蠕动泵进样，卡上蠕动泵管（尤其注意废液泵管的安装方向），将样品管与内标管放入超纯水中。

（5）从 Maintenance Sample Introduction 中勾选"Open Ar Gas Valve、Enable Temp Control（Open Water Valve）"，设置 Plasma Gas 为 15 L/min、Aux Gas 为 1.0 L/min、Carrier Gas 为 1.0 L/min、MU/Dil. Gas 为 1.0 L/min、Temperature 为 2 ℃、Nebulizer Pump 为 0.1～0.3 rps，并确认"Inputs"显示与"Outputs"输入一致、其他各参数正常；蠕动泵样品管及排废液管工作正常（排液平滑，气体与液体排列均匀）。

（6）从 Instrument Control Meters Analyzer Pressure，待四级杆分析腔压力低于 10^{-4} Pa 后，从 Instrument Control Plasma 中选择"Plasma On"进行点火，仪器从 Stand By 状态向 Analysis 状态转换。

二、调谐

（1）点火后待 S/C Temperature 降至 2 ℃，从 ICP-MS Top Tune 进入调谐界面，将样品管插入 1 μg/L 调谐液中，内标管插入超纯水中。

（2）点击"调谐灵敏度"图标，从 Acq. Parameters Acquisition Parameters 中输入采集的质量数 7、89、205、156/140、70/140，并选中 Plot，点击"Ok"。点击"Start"按钮开始采集，点击"Stop"按钮停止采集。确认灵敏度、氧化物、双电荷是否达到下表要求，否则重新自动调谐。

（3）点击"分辨率/质量轴调谐"图标后，点击"Start"启动采集，点击"Stop"停止采集，确认分辨率/质量轴符合表附表 18-1 要求，否则重新自动调谐。

附表 18-1　分辨率/质量轴参数范围

Test Item	Spec.
Sensitivity（0.1sec,1 μg/L）	Li≥3000
Oxide（CeO/Ce）	Y≥12000
Doubly Charged（Ce^{2+}/Ce）	Tl≥6000
Mass Resolution（at 10%）	≤1.2%
Li（7）	≤2.0%
Mass Axis	0.65～0.85 amu
Y（89）	±0.1 amu
Tl（205）	±0.1 amu
自动调谐	±0.1 amu

（4）点击"Tune Autotune"进入自动调谐页面，选取除 P/A Factor 的所有选项，点击"Run"。自动调谐完毕，仪器会生成 nogas.u 和 He.u 两个调谐文件，可以调用 nogas.u 检查灵敏度、氧化物及双电荷，调用 He.u 检查 Co≥3000 CPS、背景 56≤18000 CPS。

附表 18-2　典型离子透镜电压

单位：V

	No Gas 模式	反应气模式（H_2 或 He）
Extract 1	0（0）	同左
Extract 2	-180（-200～-160）	同左
Omega Bias	-80（-110～-70）	同左
Omega Lens	10（7～12）	同左

(续上表)

	No Gas 模式	反应气模式（H_2 或 He）
Cell Entrance	−30（−40～−30）	−40（−40～−30）
Cell Exit	−50（−60～−40）	−60（−60～−40）
Deflect	10（8～15）	0（−5～4）
Plate Bias	−40（−50～−30）	−60（固定）
Octopole RF	190（100～200）	同左
Octopole Bias	−8（−12～−6）	−18（固定）
QP Bias	−5（−5～−3）	−15（固定）
He	0	(4) 5（4～5）
H_2	0	6（5～7）

三、P/A Factor 调谐

此步骤须在管理员确定后才能进行。

若调谐时修改了"Detector Parameters"时须做 P/A Factor 调谐，且在做 P/A Factor 调谐时，要选中"Merge in the Current Data"。

具体过程：将样品管插入 P/A factor 调谐液 [Sc (45), In (115), Tb (159), Bi (209) 20～30 mg/L 内标稀释液]。在灵敏度调谐窗口观察 Sc (45), In (115), Tb (159), Bi (209) 元素灵敏度，待稳定后，确保元素灵敏度在 40000～400000 Counts 之间，再点击"Tune"菜单，选择"P/A Factor"。在"P/A Factor Tuning"窗口添加 Li (6)、Sc (45)、Y (89)、In (115)、Tb (159)、Bi (209) 元素，点击"Run"，仪器将自动得到 P/A Factor Tuning 报告。

四、方法建立

在 ICP-MS-Top Method Edit Entire Method 窗口中，编辑方法所需要的各项目，输入"Method Information"后确定，进入 Select Sample Type 窗口，选择全部样品类型。

在 Interference Type 窗口，如果使用 No Gas 模式选中 EPA200_8，如果使用单氦模式选中 Foodors。在 Acquisition Mode 窗口，选中"Spectrum"。

在 Spectrum Acquisition Parameters 窗口 Peak Pattern 中，选择 Full Quant（3），然后点击"Periodic Table"进入 Masses 窗口，点击"Clear All"按钮后选择待分析元素及 ISTD 内标元素（如 Sc、Ge、Y、In、Tb、Bi）。确定后，重新进入 Spectrum Acquisition Parameters 窗口，选中"Set Every Mass"，在 Repetition 窗口输入"3"；在 Integration Time［sec］窗口选中"As"，输入 Integration Time 为 1 s，点击"Enter"，Se、Cd、Hg—2 s；其他元素设定为 0.3 s。点击"Check Parameter"，若"No Error"，确定。

在 Peristaltic Pump Program 窗口，设定 uptake speed：0.3 rps；uptake time：30 s；stabilization time：30 s。确定后保存方法文件。

五、数据采集

将内标 ISTD 管放入 1 μg/L ISTD 溶液中，样品管放入 1% HNO_3 溶液中。在"Tuning"窗口检查 ISTD 元素（Ge、In、Tb、Bi 等）$RSD\%$ 应小于 5%。

在 ICP-MS-Top Acquire Data Main Panel。点击"Acquire Data"选中"Acquire Data"，将样品管放入空白（如 1% HNO_3 或 DIW），输入文件名与文件存储路径（如需更改路径，在 Data File Name 处输入"?"指定路径），点击"Acquire"。当采集完成后，点击"Tabulate/Mass"检查所测数据的稳定性。重复此过程采集完成其他 STD 或样品的测定。

六、数据分析

Mass Hunter 数据分析过程：Opening the ICP-MS Data Analysis Window→Creating Batch→Import Samples→Setting Data Analysis Method→Executing Analysis→Checking the Analysis Results→Outputting the Analysis Results→Report→Saving the Analysis File→Closing the ICP-MS Data Analysis Window。

七、关机

（1）样品采集完成后，先用 5% HNO_3 冲洗系统 5 min，再用 DIW 冲洗系统 5 min。可在调谐窗口检查系统是否冲洗干净。

（2）点击"ICP-MS Top ICP-MS Instrument Control Plasma Off"，仪器从 Analysis 向 Stand By 转换。待仪器进入 Stand By 状态才能关闭通风、循环水

及氩气和反应气开关。

（3）待转换为 Stand By 状态后，如需彻底关机，ICP-MS Instrument Control Vacuum Vacuum Off 进入放空程序，仪器由 Stand By 向 Shut Down 转换。

（4）待仪器转换为 Shut Down 状态（需 5~10 min），关闭氩气、循环水、排风，松开蠕动泵管。

（5）退出工作站，关闭电脑及打印机。关闭 7700x ICP-MS 仪器背面后侧的总电源。